BULBOUS PLANTS

バルバス・プランツ ── 球根植物の愉しみ ──

球根花卉 趣生活

［日］松田行弘　著

胡铂　译

江苏凤凰美术出版社

图书在版编目（CIP）数据

球根花卉趣生活 /（日）松田行弘著；胡铂译 . ––
南京：江苏凤凰美术出版社，2020.4
　ISBN 978–7–5580–1620–2

　Ⅰ . ①球… Ⅱ . ①松… ②胡… Ⅲ . ①球根花卉 – 基
本知识 Ⅳ . ① S682.2

中国版本图书馆 CIP 数据核字 (2020) 第 034895 号

著作权合同登记号 图字：10–2019–148

Originally published in Japan by PIE International
Under the title BULBOUS PLANTS バルバス・プランツ – 球根植物の愉しみ –
(BULBOUS PLANTS - Kyuukon Shokubutu no Tanoshimi -)

PIE International
2-32-4 Minami-Otsuka, Toshima-ku, Tokyo 170-0005 JAPAN

© 2017 Yukihiro Matsuda / PIE International

出版统筹　王林军
策划编辑　靳　秾
责任编辑　王左佐　韩　冰
助理编辑　孙剑博
特邀编辑　靳　秾
装帧设计　李　迎
责任校对　刁海裕
责任监印　张宇华

书　　名　球根花卉趣生活
著　　者　[日] 松田行弘
译　　者　胡　铂
出版发行　江苏凤凰美术出版社（南京市中央路165号　邮编：210009）
出版社网址　http：//www.jsmscbs.com.cn
总 经 销　天津凤凰空间文化传媒有限公司
总经销网址　http：//www.ifengspace.cn
印　　刷　雅迪云印（天津）科技有限公司
开　　本　710mm×1000mm　1/16
印　　张　13
版　　次　2020年4月第1版　2020年4月第1次印刷
标准书号　ISBN 978–7–5580–1620–2
定　　价　68.00元

营销部电话　025-68155790　营销部地址　南京市中央路165号
江苏凤凰美术出版社图书凡印装错误可向承印厂调换

前言

对于喜欢植物的人来说，观察其成长过程是最大的乐趣之一。

我喜欢那些能让人感受春夏秋冬季节变化、渐渐成长的植物。也许是自然而然的，作为一个花匠，对于那些缺乏变化、永远不会改变形态的植物，实在是感觉乏味。在这一点上，短时间内就能发生戏剧性变化的球根植物从未让我感到过失望。与那些从培育种子到开花、种植过程复杂的植物不同，它们在生长中所需的能量都已在身体里储存好了。

从球根中萌芽并伸展出茎和花朵，盛开的花朵各种美丽的姿态，在你眼前展现植物的神秘力量。这种力量仿佛是一堂精彩的人生课。

秋季种植的球根必须经历严寒，才会绽放美丽的花朵。如郁金香和唐菖蒲，母体球根

会耗尽自己的所有能量，当孕育出下一代时，它们会完全消失。作为母体的球根，不得不勇敢地经历这种痛苦。

这充满魅力的球根植物，并不都是可以轻松享有的，也有种植十分困难的种类。但只需稍微准备一些种植的知识，成功的机会就很大，即便失败了，也能积累经验，再次体验挑战它的乐趣。

本书写给种植球根植物的新手及植物爱好者，如果读者能爱上迷人的球根植物，并尝试书中各种有趣的体验，我会感到非常快乐。

通过这本书，开始在花园、阳台或室内种植和观赏球根植物，将会带给你无限的乐趣。

最后，英文中表示球根植物的词是 bulbous and tuberous plants，严格来说应译为"鳞茎和块茎、块根植物"。在本书中，为了简便易懂，采用"球根植物（bulbous plants）"一词表达。

松田行弘

目录

第 1 章

简单精致的
水培种植法

在水和砾石中培育的球根植物，
不仅让你感受到植物的强大生命力，
经过精心培育，还能展现出坚韧而可爱的样子。

左起：粉红色的**杏色激情**风信子，浅蓝色的亚美尼亚**马侬**葡萄风信子，靠前的白色花朵是白葡萄风信子，蓝色花朵是**大微笑**葡萄风信子，后面黄色的是**狐步舞**郁金香，它前面的是亚美尼亚**马侬**葡萄风信子，**绿珍珠**罗马风信子，白色和黄色的原生多彩郁金香，红色原生**小人国**郁金香，最右边是**大微笑**葡萄风信子。

01
一起在室内种植球根植物吧！

在室内种植球根植物，最简单的就是水培法。根和叶的伸长，花蕾渐渐长大，直到五颜六色的鲜花盛开，随时能在身边观察到花形一点点的变化，是多么有趣的事情啊。了解了种植的要点，就可以使更多美丽的花朵绽放。

适合初学者的快乐球根水培

水培，就是通过溶解了营养的水直接培育植物根系的方法。球根植物的水培法已经应用了很久。众所周知，植物的生长不能没有养分，但因为球根中储存了大量的营养物质，所以一些种类只需要清水就可以让你享受到开花的乐趣。适合水培的植物，很多已从球根长出花芽，可以在夏季和秋季种植，推荐番红花、风信子、水仙和葡萄风信子。也许很多人从小就喜欢用水培法培育风信子了。由于水培不使用土壤，很干净，由此可以广泛应用于室内绿化装饰。无土种植除了水培以外，还有使用细砂的"砂培"和使用小粒砾石的"砾石培"。

钟形白色花朵的雪片莲   浅粉色的葡萄风信子

用水将根部的土冲洗掉，放在干净的玻璃瓶里，这株含苞待放的银莲花，与在土壤中栽培的不同，多了些优雅的气质。

02
可以水培的各种球根植物

放在室内的水培植物，可以使人尽情感受它的成长过程。

摆放在客厅的桌子或架子上，装点在熟悉的生活空间里。花芽一点点形成，根须的生长，像这些平时可能会忽略的小改变，都会引起我们的兴趣。

如果是芳香的种类，美丽的花朵伴随着浓郁的香气，更是沁人心脾。

简单摆放，就很时尚

风信子
[Hyacinthus]

典型的水培球根植物
丰富的色彩和甜美的花香

风信子在 16 世纪通过意大利从地中海沿岸传到欧洲，并且在 18 世纪初就开始用水培法种植。在温暖的室内栽培，即使冬天也可以欣赏花开，圣诞节时还可以做女性胸前的装饰。一般流行经过改良的荷兰风信子，其花瓣和花冠很大，有丰富的色彩和浓郁的香气。

金钱树和肉桂的绿色，装点蓝色风
信子和紫色郁金香，让硬朗的空间
多了些色彩。

放在窗台的**杏色激情**风信子和长出嫩芽的番红花。房间里充满了浓郁的风信子的甜香。

上：中世纪风格的架子上摆放着各种装饰物和绿植。上排是紫色的蛛毛苣苔和白色花盆的球兰。下排左侧白色和紫色风信子之间，是有着可爱迷你叶子的垂盆草；右侧从左到右分别是橙色的露薇花、石斛兰和风信子。

下左：盛开的荷兰风信子。

下右：法国改良的物语风信子。与荷兰风信子相比，花朵略显稀疏，但修长的枝叶更显高雅。

娇小的，带着田野的风

葡萄风信子
[Muscari]

多株共生，可爱又坚韧的小花

葡萄风信子大约有 50 多个种类，分布在从地中海到亚洲西南部的平原、森林、山地、荒漠等地区。因为花朵像葡萄串，在英国被称为 grape hyacinthus。它很容易进行水培，在室内也能开花，被认为是最适合初学者的球根植物。如果用餐具或空瓶等生活用品种植，可以更好地融入和装点生活空间。

左：白葡萄风信子。

右：略带淡蓝色的花朵是亚美尼亚**马侬**葡萄风信子。

右页：水槽中的黄心花朵是原种**多彩**郁金香。带有花蕾的幼苗清洗掉根部的土，用玻璃瓶就可以尝试水培了。球根植物适合选择一个较高的容器，以便根部生长，建议使用砾石和浮石来帮助固定根部。

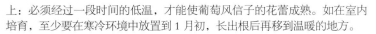

上：必须经过一段时间的低温，才能使葡萄风信子的花蕾成熟。如在室内培育，至少要在寒冷环境中放置到 1 月初，长出根后再移到温暖的地方。

右上：使用浮石在水中生长的**大微笑**葡萄风信子。

右下：含蓄的小绿花是**绿珍珠**罗马风信子。

玻璃罩里是非常小的**马克萨
贝尔葡萄风信子**。先将培育出
花蕾的盆栽幼苗的根部洗净，
再用苔藓和浮石进行水培。

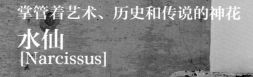

掌管着艺术、历史和传说的神花
水仙
[Narcissus]

经中国流传到日本
清香的本土化植物

原产于地中海沿岸的水仙，拉丁名为
Narcissus，是希腊神话中的一位美男
子。水仙经中国引入日本，经过驯化，拥
有持久的芬芳。水仙的改良品种大多历史
悠久，目前仅是被认证的登录品种就超过
10000种。据说，认为是原产于日本的
日本水仙，也是由地中海经中国传播过来
的，它非常健壮，很适合日本的气候，特
别适合水培。

卧室里生长的白柳枝、纸白水仙和开始萌芽的
朱顶红球根。

9月下旬开始在复古陶罐里水培的
黄色水仙，11月中旬发芽后，搬
进室内大约两个半月就开花了。

思念那朵
清秀的小白花
雪滴花
[Galanthus elwesii]

瓶中的小早春
藏着落叶林的风景

在日本，雪滴花也被称为"待雪草"，英文名意为"雪花飘飘"。如雪花般的可爱小花，不禁让人联想到还留有残雪的早春时节。在亚当和夏娃的神话中，有"赋予雪白色"的传说。虽然水培雪滴花有点困难，但如果注意控制温度和水分，在室内种植，也可以享受开花的乐趣。这里我们在一个小小的玻璃容器中用球根做了一个盆景。

水培时，创造一个接近自然的环境非常重要。照片中的雪滴花是在 11 月种植的，在一个直径约 16cm 的玻璃容器中，先放入抑制根腐专用土，使用日向石将球根埋至露出芽端的程度；再用灰苔藓完全覆盖住石粒。发芽前放置在室外阳光照不到的地方，在寒冷中坚持到 1 月末，当发出幼芽时就可以移到室内培育了。

"春之瞬"的魅力

番红花
[Crocus]

踩着春天的脚步
可爱的春之使者

在欧洲被称为"幸福使者"的番红花，大约有80多种，分布在地中海沿岸到西亚之间，在少花的早春时节，可开放出饱满可爱的白色花朵。室内水培时，发芽前要放在低温的地方。番红花喜光，当长出花蕾时，就要将它放到阳光充足的窗边。

用马口铁小罐、日向石和灰苔藓种植番红花。1月中旬，正是种植发芽球根的时候，到3月中旬就能开花了。根据开花的时间，番红花被分为秋花、早春花和春花三类，照片中是春季开花的品种。番红花的生命力顽强，不易滋生霉菌，特别适合水培的初学者。

能使人沉浸在成长喜悦中，
花朵大大的

朱顶红
[Hippeastrum]

从江户时代起就广受喜爱
绚丽而易种植

朱顶红在江户时代引入日本,从那时起，
人们就为这种大花的优雅气质倾倒。它
原产于南美洲的热带地区，在温暖的地
区可以全年种植，但在日本，可以春天
欣赏鲜花，冬天让球根休眠。近年来，
从荷兰进口的植株越来越多，还有许多
耐寒的品种。用水培方式培养完全没问
题，在一定条件下，即使没有水也可以
开花。

马拉喀什朱顶红，把球根放
在吊篮中，不用水，只靠球
根中的养分就能使花盛开。

左起：红色花蕾的**巴伦提诺**朱顶红，白色花朵的**苹果绿**朱顶红，还没长出花芽的是风梨百合的球根，橙色大花是**瑞罗娜**朱顶红，矮的白花也是**苹果绿**朱顶红。

如果使用玻璃杯或碗，需要匹配球根和容器口的大小。
随着植株的生长，球根内部的养分被吸收，会逐渐缩小。
如果将球根直接放在容器口上，请选择稍小的口径。

03
尝试用水培法种植球根植物吧！

只要有球根、容器和水，就可以开始了。

学习简单的栽培方法，让美丽的球根植物绽放花朵。

阶段 1　　只用水培育球根

a. 准备好水培用的容器

简单易行的水培法
从你最喜欢的容器开始吧！

水培球根植物使用能够观察到水位和球根状态的透明容器最适合。水培专用容器，有的瓶口有收缩，有的带有放置球根的小盘子，这样球根就不会落入水中，很方便使用。也可以不用专用容器，使用花瓶、玻璃瓶、储物瓶等日常用品代替。试着在不同的球根和容器间找到协调和平衡，也很有乐趣。

b. 掌握只用水培育球根的方法

上：左起第二个是使用浮石培育的葡萄风信子。其他都是风信子，即使是同一品种，生长的速度也会有所差别。

下：2 月底开花的**卡内基**风信子（左）和**大微笑**葡萄风信子（右）。

当气温很高时，适时在凉爽的地方开始！

在 8 ~ 9 月，花卉商店摆满了适合秋植的球根。很多人一拿到球根，就想立即开始培育，但首先要考虑球根适合种植的时间。在种植之前，要把它们放在通风良好、遮蔽阳光的室外环境里。虽然种植时间因植物种类而异，但总体上来说，过了 10 月中旬，当气温开始下降时，就可以开始水培种植了。至少经过三个月的低温历练，秋植球根才能开花。

方法 1

基本种植法

[材料]

水培球根的容器
市售的水培专用容器。这里选用的是放置球根的小盘子可以取下的类型。

风信子球根
风信子要等到 11 月再开始种植。在此之前，将它放在遮光、通风良好的室外。

[栽种方法]

1

2

加水
将水加到稍微浸湿球根底部的高度，无须特意加入营养液。

这是关键！
当根开始生长时，使水位降低 2 ~ 3cm，使球根的根部能够接触到空气。

3

成长，开花！
种植后，放在低温的地方养护。2 ~ 3 个月后移到温暖的地方，然后就等着长出花蕾、绽放美丽的花朵吧。

[绝对不能做的事]

水太多
球根浸入水中过多，很容易腐烂。水是导致腐烂的原因之一。

方法 2
用点小心思的种植法
[材料]

使用的容器
高约 30cm、口径 10cm 的复古玻璃瓶。

风信子的球根
10 月购买的球根，经过一个月的冷藏后培植。水培法适合栽种直径 15cm 或更大的球根，翻看球根的底部，选一个根部周围有完整干净圆圈的。

小枝和细麻绳
取一些小枝杈，如修剪过的小树枝。如果没有，可以用筷子代替。

[栽种方法]

1

制作放球根的底座
按照玻璃瓶的口径切割小树枝，制作一个比球根小一圈的三角形框，用绳子捆绑固定。

2

安放球根
将底座和球根放在瓶口上，加水至稍微接触到球根底部。

在独特的容器里栽种

如果容器的直径大于球根，可以利用木棍或铁丝，使球根不会掉入水中。这里，我们用小树枝组合成底座，安放风信子的球根。如果使用像碗一样的大口径容器，可以用小树枝组成一个网格状底座，将几个葡萄风信子或番红花的小球根一起栽培，也很有意思。

重点是注意保持水面高度，刚好浸湿球根的底部。这是根在生长中非常容易腐烂的时期，因此要保持适当的水位。

保持这个状态，放在室外低温的地方。室外是最理想的，没有暖气、没有阳光直射的室内也是可以的。

[生长过程]

1

根在生长，花芽也冒出了头

如果只是根在生长，却没有长出叶子，将它们留在低温的室外直到 12 月下旬。

2

叶子越来越大，花蕾也开始生长

从照片 1 的状态，经过 4 周后的样子。当移到温暖的室内时，花蕾就会迅速地生长。

3

开花了！

从照片 2 的状态，再经过 2 周就会开花了。随着茎和花蕾的生长，顶部会变重，植株会变得不稳定，调整底座三角形的大小，防止在换水时栽倒。

用心呵护根的生长

球根与装水的容器安放好后，放在没有阳光直射、低温但不致结冰的室外，例如房檐下或家门口玄关。在低温环境中，坚持每周换一次水，防止水腐臭，直到根部长出来。

另外，可以用纸板覆盖，创造出更接近黑暗土壤的环境，促进根的生长。当根开始生长时，将水位降低到球根本身接触不到水，球根开始发芽时，就可以搬到温暖的室内了。

阶段 2　使用砾石和陶粒种植

a. 应该准备哪些材料?

用水 + 碎石进行水培

有助于根系的伸展,防止细菌滋生

在球根的水培过程中,最重要的是管理好瓶中的水,不能让水腐臭。使用砾石和粗砂粒等碎石材料的优点是能够抑制细菌的生长和繁殖,水不容易腐臭,而且接近土壤培育,提供根系生长需要的空间。下面介绍的几种材料,对球根的生长没有太大区别,在种植时,可根据喜好任意选择。

[陶粒]

[抑制根腐专用土]

大粒
由颗粒状黏土高温烧制而成,结构松散,有许多空隙。能够吸水,也有良好的排水功能,并且是无菌的,非常适合水培种植,也可以使用营养液。

小粒
小粒的陶粒适用于小型球根植物。虽然陶粒本身是无菌的,但种植的过程中也可能会滋生出各种细菌,因此建议与抑制根腐专用土一起使用。

通过吸附导致水腐坏的有害物质,激发水的活性,使其难以引起根腐病。常用的如天然硅酸盐白土和矿物沸石等。

[砾石]

[浮石]

砾石最大的优点是有丰富的颜色和大小可以选择,适用于不同的容器和场地。但由于质量重,在大容器中使用时要当心。由于砾石不能吸收水分,请注意及时加减水量。

大粒
大粒的浮石常用作盆栽的盆底石,可以很好地改善排水。

小粒
小粒的浮石比砾石更轻、更多孔,能够吸收水分,也有助于排水。既有天然的,也有人造的,根据产地的不同,有白色、黄色和灰色等不同颜色。

[日向石]

日本宫崎县南部的雾岛火山区出产一种浮石，因为多孔且无菌，几乎不含任何营养成分，所以非常适合水培种植。常与土壤混合使用，帮助改善排水。

[硅砂]

用制造玻璃的原料生产的砂粒，颗粒均匀，并按粗细程度编号。作为建筑材料出售，常被泥瓦匠混合在水泥中使用。

[苔藓]

灰苔藓
结构蓬松的苔藓，遍布日本各地。不需要附着土壤，只要有水分，就能长久保持绿色状态。覆盖在土壤上，能够丰富盆栽的色彩。

大细羽苔藓
也称作"山苔藓"，需要附着土壤。如果日照过量，会变成浅棕色。放在半遮光或阴暗处，保持适度的湿度，在室内也能保持漂亮的绿色。

b. 用不同的容器，种植试试看

不能只看外表！
使用碎石颗粒进行水培的优点

用陶器或铝制容器等进行水培，很难检查水位，因此建议使用碎石颗粒。植物的根不能完全浸在水中，和水分离可以促进生长。使用具有高持水性的浮石和陶粒，球根的根部不会长时间直接接触水，可以保持适度干燥的状态，比单独用水培养更容易促进根的生长。此外，当水减少时加水，颗粒会重新吸收干净的水，水和球根都不容易腐坏，几乎不需要换水。

c. 随意组合不同材料，在室内享受种植的乐趣

方法 1
浮石 + 抑制根腐专用土 + 灰苔藓

各种精心的栽种
发芽前也富有情趣

水培球根在长出花芽前，很难表现出变化，同时栽种一些灰苔藓可以丰富其色彩，但将球根直接放在苔藓上会导致球根腐烂，所以我们用金属丝做一个支架，将球根放在上面。

另外，苔藓会导致水的腐臭，所以每 2 ~ 3 天必须要换一次水。水稍微浸泡在球根的底部，一旦根部长出来，就将水减少到能湿润苔藓的高度。

[材料]

使用的容器
使用大口径的容器。选有一定高度的玻璃瓶，能够方便地看到苔藓和砾石的样子。

风信子球根
与 32 页类似，10 月份购买，经过一个月的冷藏，使用直径 15cm 或更大的风信子球根。

金属丝
用于制作盆景的铝丝质地柔软，很容易操作，有黑色和银色可以选择。

浮石（小粒）
使用小粒的浮石，与绿色的苔藓形成鲜明对比。

抑制根腐专用土
能够覆盖瓶底即可。

灰苔藓
很大的一块，用手撕开使用。

[栽种方法]

苔藓基底的制作
在底层的抑制根腐专用土上，放入半瓶砾石，再放入金属丝和灰苔藓。

○其他方式

只用金属丝的方法
再大的容器，通过使用金属丝，也可以轻松地种植水仙这类小球根。

[生长过程]

根长出来了，花芽也冒出了头
长出根须后，需要降低水位，保证根系的生长和苔藓的良好状态。

花开了！
大约 1 个月后就开花了。根部扎入苔藓和浮石，十分稳定。这种方法也适用于不易发霉的水仙和番红花。

[注意]

不要忘记换水

每隔 3 ~ 4 天需要换一次水，防止苔藓腐烂。如果不能及时照料，最好不用苔藓，只用浮石，创造一个透气性和排水性兼具的环境。

方法 2

浮石 + 抑制根腐专用土 + 大细羽苔藓

[材料]

种植的容器
直径 30cm 的铝盘。选择盘子是因为可以将苔藓布置成丘状。

抑制根腐专用土
盘底填充三分之一左右抑制根腐专用土，可以被隐藏起来。

番红花球根
10 月份购买，在没有暖气的地方放置一个半月。

浮石
大约铺至盘子深度的一半。图中的盘子深度为 3 ~ 4cm。

大细羽苔藓
冬季自然生长的苔藓。在家居超市里可以买到独立包装的。

细羽苔藓很容易干燥，需要在表面大量地给水。为了保持苔藓清洁，要及时倒掉盘里的积水。

[栽种方法]

放入浮石
在抑制根腐专用土上覆盖浮石，并放置球根。栽种应在 12 月左右进行。

放置球根
放好球根后，再用浮石埋住球根的根部。

覆盖上大细羽苔藓
尽量紧密地放置，防止大细羽苔藓干燥。

等待花芽长出来！
花芽长出之前，一定要放在没有阳光直射的地方，长出后移到阳光充足的地方。

[生长过程]

充分地生长，才能见到鲜花盛开！
大约两个半月到三个月的时间，终于等到开花。

方法 3
日向石 + 抑制根腐专用土

[材料]

陶碗
使用直径约 20cm、深度 15cm 的
复古碗。

水仙的球根
10 月份购买的球根，很容易发芽，
购买后最好立即种植。图中是稍稍
发芽的状态。

日向石
由于碗是象牙白色的，使用日向石，
颜色搭配更加协调。

[栽种方法]

抑制根腐专用土
不用太多，能够铺满碗底的量即可。

栽种好的样子
花芽朝上栽种。栽种好后，加入约 1/4 碗的水。

使用碎石材料时，最好将球根
栽种得浅一些，为根的生长预
留些空间。水仙即使没有经过
冷藏也会发芽，栽种好后，可
以在室内培育，大约会在一个
半月内开花。

方法 4
砾石 + 抑制根腐专用土

[材料]

玻璃杯
高 25cm，直径 18cm。

水仙的球根
盛开大花朵的**胡德山**水仙。在开花期间，副花冠（中央部分）的颜色会发生变化。

奇异罗马风信子的球根
它以前被称为葡萄风信子，但近年来被归类到罗马风信子属。

砾石（大粒）
圆润的河砾石。由于是天然沙砾，颜色多种多样。

[**栽种方法**]

抑制根腐专用土

放好砾石和球根
铺好抑制根腐专用土和砾石，将砾石添加到杯子的1/4 高度，把球根放在砾石上，12 月下旬栽种。这是一个半月后的样子。

[**生长过程**]

开花啦！
虽然罗马风信子稍微有些徒长，但也能生出非常茁壮的花蕾。

罗马风信子的成长
虽然罗马风信子即将凋谢，但水仙在开花后能够持续绽放 1 周以上。

— 041 —

04
持续观察花的生长，凋谢后的照料必不可少

球根的花凋谢后，还会继续生长出嫩绿的叶子。这里介绍一些过了花期的水培球根准备进入休眠期的必要操作。

a. 花凋谢后要做的事

方法 1
风信子的养护

切花茎
花凋谢后，齐根切断花茎。

重新栽种在花盆里
在花盆中放入普通的培养土，像一般的盆栽一样，散开根须。

覆盖土壤
添加更多的培养土，埋过球根。

继续照料
立即浇水，移至阳光充足的室外。每 10 ~ 15 天上一次液肥。

停止浇水
在 5 ~ 6 月，叶子开始变黄时，停止浇水，让它休眠。

进行必要的养护和休眠，才能保证下一年开花

水培球根需要消耗全部内部能量才能开花，因此常常被认为"只能养一年"。如果想第二年依然开花，就需要重新种植在土壤中，将球根养肥。挖出叶子发黄的球根，存放在没有阳光直射且通风良好的地方，等到秋天再次种植到土壤中，依然可以体验开花的乐趣，虽然花朵会比第一年小一些。

6

当叶子干枯时，挖出来，让它休眠
挖出球根后，存放在通风良好的地方，10 ~ 11 月前后重新种植到花盆里，浇点水，唤醒它。水仙、葡萄风信子和风信子不必挖出球根，保存在花盆中。当叶子变黄时，可将它们放在淋不到雨的屋檐下，没有水，它们就会休眠。当秋季开始浇水时，它们会再次开始生长。

番红花的养护

[花谢后的样子]

这些花即将凋谢
开花后大约 2 周。

取出球根
小心地从盘中拿出球根，一株株分别种在小花盆中，注意不要碰断根部。

覆盖培养土
添加更多的培养土，埋住球根。

[花谢后移植的操作]

拿出苔藓，摘掉残花
取出大细羽苔藓，摘掉凋谢的花朵。

将球根种到花盆中
将球根放入有半盆培养土的花盆里。

继续照料
立即浇水，放在阳光充足的地方，帮助叶子的生长。

方法 3
不同种类的球根组合，别有一番情趣

不同季节开花的球根花卉，从冬季到春季的装点

用一个较大的容器，组合几种球根植物，加上一些小型观叶植物，制作一个能够长时间观赏的盆景。组合不同种类的植物时，不能选择习性和大小相差太远的例如，如果把必须经过寒冷才能成长的风信子和不耐寒的观叶植物（如悬挂或半插花类）组合，观叶植物就会在寒冷中枯萎。再如，大叶的水仙和开小花的番红花组合，水仙会干扰番红花的生长。

推荐的组合方式有风信子和葡萄风信子、番红花和葡萄风信子、水仙和风信子等。相同种类的不同品种组合也是不错的选择。

左起：粉红色的风信子，后面的紫色花朵是**史蒂文森**风信子，砾石中种植的是**阿纳斯**风信子。中心是**大微笑**葡萄风信子和观叶植物木莲的组合，这里也可以用天门冬或常春藤替代木莲。组合右侧是白花的**卡内基**风信子，后面的是**纸白**水仙，最右是**大微笑**葡萄风信子。

组合 1
风信子和葡萄风信子

[材料]

风信子的球根

葡萄风信子的球根

玻璃花盆

砾石（大粒）

抑制根腐专用土

组合 2
葡萄风信子和多年生草本植物

[材料]

葡萄风信子的球根

宽口玻璃大瓶

木莲幼苗（多年生草本）

浮石（大粒）

抑制根腐专用土

[栽种方法]

1
铺上砾石并安置球根
准备好种植风信子和葡萄风信子的花盆，轻轻将抑制根腐专用土铺满花盆底部，并将砾石堆至花盆高度的1/3，安放好经过两个月冷藏的风信子和葡萄风信子的球根。

2
放入砾石
添加砾石，覆盖住球根，露出萌芽部分，浇适量的水。

放入浮石

准备好种植葡萄风信子和木莲的玻璃瓶。将抑制根腐专用土铺满底部，轻轻放入浮石。将木莲放在花瓶正中，再次添加浮石到适当高度。

种植多年生草本植物

将球根均匀地放置，保持木莲幼苗之间以及幼苗和瓶子边缘之间距离相等。添加浮石覆盖球根，露出萌芽部分。

[生长过程]

完成

加水到风信子的底部位置，让木莲的根和风信子球根的底部正好接触到水。

风信子开花了

栽种好后，经过一个半月，风信子开花了。保持这种状态，可以尽情观赏 10 天左右。

葡萄风信子发芽了

在开花风信子的下面，葡萄风信子的芽开始生长，根部已经伸展到花盆底。

风信子凋谢后，葡萄风信子渐渐长大

风信子的花期结束，切断花茎。葡萄风信子的萌芽长到了 5cm。

葡萄风信子长出了花芽
距风信子开花已 4 周。葡萄风信子的花芽正在渐渐长大。

葡萄风信子开花了！
当风信子的叶子开始变黄时，葡萄风信子的叶子长到了 7 ~ 8cm，花蕾也越长越高。

木莲大了一整圈
种植葡萄风信子和木莲的大瓶中，木莲长大了一圈，变得茂盛，葡萄风信子长出了芽。

葡萄风信子开花了！
可以观赏 2 ~ 3 周。

[花期结束后的操作]

盛开的葡萄风信子
葡萄风信子的花完全绽放。剪掉变黄的风信子叶，保持适合观赏的外观。

葡萄风信子的花也谢了
葡萄风信子开花后一个月，花期结束，变得有点难看。

2

取出葡萄风信子
移植球根并为下一年做养护准备。按住木莲，轻摇并拔出葡萄风信子。

3

准备花盆和土
在花盆中放入浮石和半盆培养土，将取出的球根保持间隙地安放好。

4

覆盖土壤
添加培养土，刚好埋住球根。

5

切断花茎
栽种好后，齐根切断花茎。

6

养护
立即浇水并移至阳光充足的室外。

7

继续培养多年生草本
剩下的木莲，可以作为观叶植物在室内欣赏，或者移植到新的花盆中。

05
球根植物也能像鲜切花一样装饰空间

室外种植的球根花朵，在室内也能愉快地观赏。

连根拔出，像其他鲜切花一样养护。

a. 花瓶里的时尚!

放入最喜欢的花瓶里，享受最美好的时刻

在室外培育的球根植物花朵，想用来做室内空间装饰，无须剪断根部，洗干净整个球根就可以了。放在花瓶或餐具中，不仅可以观赏花朵，还能欣赏到有趣的球根。从秋天到春天，观赏期比其他鲜花更长。

1月前后，可以入手一些花卉商店中的带有花蕾的盆栽球根，或将花园里盛开的球根，养在花瓶中，别有一番情趣。通过这种方式，一定会得到喜爱的花，也可以尽情地尝试各种时尚的搭配。有客人来或是开派对的特殊场合，就用它来装饰吧。

主角是郁金香
[Tulipa]

严肃的球根也很可爱
有根的球根花也能做装饰

水培郁金香的温度管理比水仙和风信子更难，因此建议用带有花蕾的盆栽球根，清洗干净，供室内观赏。要选花蕾坚固的植株，如果没有花蕾，一旦不小心伤到根部，就长不出花蕾，也不会开花了。近年来，2～3月里卖球根花卉的鲜花店越来越常见，越来越方便。虽然因室内温度的不同，花期也有不同，但只要带着根，至少可以持续观赏2周。

购买带花蕾的盆栽球根，洗去根部的土壤，装饰在有一定深度的复古碗中。图中为深粉色圣诞梦郁金香和重瓣浅粉色的天使郁金香。

法国产的复古包，装着喝水用的小玻璃杯，杯中加入适量的水，插入小型的原种系**小人国**郁金香，装饰在玄关的门把手上。郁金香的花瓣适应温度开合，当阳光照射进来，室温升高时，会全部绽放。**小人国**是可以在花店买到的带花球根。

左起：两种郁金香，雪片莲和
中国水仙，全部采用洗根法处
理（参照第 58 页）。

鲜艳的风信子
[Hyacinthus]

在白色陶器中培养的别致组合：淡紫色**格雷**郁金香，蓝花种**陶蓝**风信子，蓝色花蕾的**暗洋**，红紫色花朵的**伍德**，黑花种**伊德里斯**花毛茛。郁金香是带球根的鲜花，而风信子是洗过的发芽球根，花毛茛也是鲜花。尽情欣赏只有冬天才有的完美组合吧。

带花蕾的幼苗
排成一列的风信子

到了1月，出芽的风信子球根便一列列地摆放在家居用品店和园艺商店的门前。"发芽球"是指在塑料花盆中培育到发芽、能够售卖的球根幼苗。这种风信子已经过低温培育，花芽在稳固地生长，没有必要进一步控制温度。将它放在室内温暖的窗边，就立即开始生长。即使用洗根法（参照第58页）处理时稍稍伤到根部，也不会妨碍开花。

恋上花毛茛
[Ranunculus]

时而清纯，时而高贵
装点空间的迷人花朵

花毛茛种类繁多，有简单的单花类型，有色彩微妙变化的类型，也有拥有数百个花瓣的华丽大花型。与其他球根植物相比，它较小的球根不适合水培和洗根法。像郁金香和风信子一样，从秋天到早春，可以当作鲜花装饰在室内，也可盆栽培养。因为品种特别丰富，可以根据主题选择不同的鲜花。

拿破仑时代的椅子和古董木马的华丽搭配。在法国被叫做"报春花"的丁香，淡粉色**费朗花毛茛**，深紫色的**埃皮纳勒花毛茛**和**紫旗**郁金香的组合。

b. 洗净发芽球根的根部用于装饰

[洗根法的操作]

准备好风信子的芽苗
1 月左右，可以在家居用品店入手发芽的风信子球根，选择比水培栽种要小一些的。

从塑料花盆中取出幼苗
不要暴力取出，以免损坏根部。

用流水冲洗根部
保持照片 2 的样子，直接用自来水冲洗掉根部的椰土和泥炭土。

用净水清洗根部
在水盆中轻摇，梳通根须，清洗掉上面的泥土。

[洗根完成！]

土壤全部清洗干净的样子
可能会有一些根须被折断，不用太在意，不要等根部晾干，尽快开始水培。

像玫瑰一般花团锦簇的双花**狐步舞**郁金香，洗净根部后，培养在造型简单的玻璃瓶里。轻盈美丽的绿色一角，搭配着 20 世纪 60 年代风格的靠背椅。单是常绿观叶植物缺乏季节感，点缀了黄色的郁金香，立刻就有了春的气息。

换一种方式培养
创造精致的生活空间

只需在有观叶植物的房间内加入暖色的花朵，就会带来早春的感觉。用盆栽的郁金香和水仙也很好，不过，洗根后用玻璃器皿来培养，更能创造轻盈而精致的效果。每 2 ~ 3 天一定要换一次水，不要让空调的暖风直接吹到心爱的花朵上，可以享受大约 2 周的魅力花期。

06
室内培育，要注意的一些细节

在室内种植球根，享受花朵的情趣，合适的环境和精心照料必不可少。从种植准备到花期结束后的处理，每个过程都要用心。

注意 1
刚买回来，保存球根的要点

[发霉的球根]

风信子球根发根的部位生出了霉菌。如果霉菌仅仅附着在表皮上，擦掉或剥掉表皮即可。但如果像照片中一样，球根本身已经发霉，就需要做去霉处理了。

[如何去除霉菌]

1

用小刀挖去发霉的部分。

2

剥掉生霉菌的表皮。

3

深处发霉的球根去除霉菌、清理干净后的样子。原本发根状态良好的球根，一旦发霉，只有在去除霉菌后才能继续生长。

"梅花香自苦寒来"，只有经过寒冷的历练，才能绽放美丽的花朵

适合秋季种植的球根，一般9月初就会摆在店里。即使在这时买回来，也一定不要在天气还很热的时候开始水培。将它存放在通风良好、阴凉的地方，直到11月。如果放在透气性很差的塑料袋中，很容易产生霉菌，因此必须换成透气的网兜。

过了10月中旬，可以将装有球根的透气网兜或纸袋放在冰箱保鲜室里一个半月到两个月，让球根充分地接受低温。

[发霉后勉强开花的风信子]

虽然开了花，但花茎很短，花很小。另一个球根则根本没有发芽。

注意 2

培育出花芽前的重点

**接受过寒冷历练的球根，
才能孕育出成熟的花蕾**

水培失败的主要原因是球根没有经历低温，特别是秋植球根。随着季节变化，持续的低温能使球根内的花芽和茎成熟。风信子、葡萄风信子、番红花和水仙，不同的种类适宜的温度和持续时间有所不同，但都必须保持低温至少两个月。如果被空调的暖风吹到，很容易滋生霉菌。经过低温处理再移到室内继续培育，长出根和芽后，放置在阳光充足、温暖的地方。移到室内后，叶子和花茎也会茁壮生长，会比一直在室外更早开花。

另外，模仿土壤中的环境，用盒子盖住球根，制造黑暗，可以促进根的发育，促进其后的生长。

注意 4

花期结束后，继续照料的重点

**为了下一年还能开花，
了解花期结束后的处理方法**

花期结束后的水培球根，由于内部的养分已经被耗尽，通常会被丢弃。但如风信子和水仙等一些水培的大球根，通过适当照料，依然可以在第二年开出小一些的花。花期结束后，尽快切断花茎，移植到土壤中（参见第42页）。保持日照，每隔 10 ～ 15 天施用一次液肥。这样的话叶子会生长，土壤下的球根也会渐渐肥大起来。叶子变黄后，挖出球根，存放在通风良好的阴暗处，直到秋天。

[已形成花芽的球根截面]

注意 3

水培中，管理水的重点

**随着球根的生长，
随时保持水位和水质**

在水培种植中，对水的管理非常重要。冬天，坚持每周换一次水，并保持水位在能稍稍浸湿球根的发根部位。发根以后，随着根系生长，逐渐降低水位，让发根处接触空气。特别要注意的是，当发根处周围的表皮浸泡在水里时，霉菌会在发根前滋生，导致根部腐烂。通过使用诸如苯甲酸盐的杀菌剂可以预先抑制霉菌的滋生（杀菌方法参见第 84 页）。

[照料不当，发霉的状态]

蓝瑰花没有经历低温保存，就放到温暖的环境里，滋生出了蓝色霉菌。

注意 5
室内种植的日照问题

[日照不足的凤梨百合]

从下面照片 1 的状态，经过 11 周后。由于日照不足引起花期推迟，勉强开花的凤梨百合。

[生长过程]

1

5 月上旬栽种。瓶底铺满抑制根腐专用土，用陶粒将球根埋至露出芽端。

2

从照片 1 经过 6 周后。根系牢固地扎入瓶底，顶部也生长了约 20cm。

[日照充足的凤梨百合]

叶子长出后，接受充分日照的凤梨百合，收紧了叶子，开出茁壮的花朵。

了解生长所需的阳光，避免因日照不足而徒长

秋植球根在出芽之前，都要放在阴冷的地方，出芽后再移到阳光充足的地方，这是为了促进叶子和花芽的生长。但水仙和葡萄风信子只需要适当的光照，即使在朝北的窗边或没有日照的房间，也可以种植观赏。

日照不足会导致叶子徒长，花期延迟。特别是春天种植的球根，充足的日照是必不可少的。春植的水培凤梨百合，一定要在阳光充足的环境下生长。

注意 6
水培球根种植中的意外

了解水培种植中生长不良的原因

水培风信子时，经常遇到问题。如花开到一半就停止了，不能完全绽放，或花茎还没有长高就开花等，这是因为没有充分经历低温的历练。理想情况下，植株需要在室外或相同温度环境下待三个月。水培郁金香和葡萄风信子的花芽只发不长也是同样的原因。

此外，经常出现根系不生长的问题。如果浸在水中超过一个月还不生长，多半是根部腐烂造成的。用手指轻按根部，如果不再坚硬，说明已经腐烂了，非常遗憾，只能放弃它了。

第 2 章

任何环境，都能轻松种植的盆栽

不管是在室内还是室外，阳台上还是房檐下，
盆栽适合在各种各样的环境下种植。
享受在花盆里进行植物造型的乐趣。

01
成为盆栽球根植物的高手!

积蓄了充足的养分,从休眠中醒来的球根,长出焕发生命力的新叶。不论选择哪种方法培育成熟,都能欣赏到球根的美丽傲人花朵,并装饰在心仪的地方。

风格 1

盆栽，欣赏别样风景！

用水仙、纳金花和花毛茛盆栽装饰
用餐时光。沐浴在阳光里的球根，
秋天种植，早春开花，释放出蓬勃
的生命力。

左上：桌面的主角，是白色花瓣的**早欢水仙**。凉壶内是用院里采摘的薄荷制成的新鲜薄荷苏打水。

右上：开花后能维持近一个月的**白筒纳金花**，由于耐旱怕湿，建议用盆栽。

右下：**小阿拉克尼花毛茛**是花茎分枝顶生开花的品种，黑色的花蕊，绿色的花瓣。

在香气四溢的白花旁边
享受春天明媚的阳光

盆栽球根的优点是，即使没有花园，也能轻松地开始种植，根据植物的习性和生长状况，移到更适合的地方。

到了花期，可以将其摆放在最能展示风采的地方。休息日的早午餐或下午茶时光，一盆球根花卉定会成为花园餐桌的亮点。使用统一风格的花盆，用泥土搭配灰苔藓，不仅很干净，外观也有所改善。水仙、风信子、百合等香味较浓的品种，不适合摆放在室内的餐桌上，但放在室外的话，甜蜜的芳香会让人感觉很舒服。

风格 2

发挥几只大花盆的作用！

让凝聚着花之魅力的盆栽
成为庭院角落的亮点

把很多球根栽到一个大花盆里，开出华丽的花朵，这是球根特有的种植观赏方式。容量大的花盆为根系的生长提供了更多的空间，开出的花朵比在小盆里栽种看起来更漂亮。

在球根发芽之前，花盆看起来是很单调的，可以在土壤的表面种植像菫菜或庭荠那样低矮的一年生草本植物，在深层种植郁金香或水仙那样植株较高的球根。如果是深盆，也可以用"双层种植"法，把开花期不同的球根，上下种植 2 ~ 3 层，因为开花时间不一样，可以长期观赏。但密集种植会影响球根的生长，所以只能作为一年生的花卉来看待。

右：与种植茶树的大花盆一起，点缀在长椅边的是橙色花毛茛和红粉色**桑德拉**小苍兰。从球根开始培育花毛茛，如果管理不善，很难开花，可以在早春时节购买带花的盆栽。小苍兰有清幽的香气，很适合放在长椅边的宽阔场地，享受花香。

盆栽种植，也能像小花坛一样欢乐

上：从后往前分别是，淡粉色**阿利亚德内**花毛茛，红色**斯拉瓦**郁金香，淡粉色**变色龙**花葱，紫色花毛茛，左边是深紫色狒狒草，青紫色希腊银莲花，右边是**顾悦**葡萄风信子。

左下：花毛茛。

右下：**甜点**郁金香。

决定主题色彩，
把不同品种集中到一起

集合多种盆栽，配合适当的桌子与装饰品，将角落空间装扮得鲜艳又养眼。即使聚集了不同颜色的花，背景绿叶植物也能很好地将其衬托，不会显得凌乱，可以自由搭配各种朴素或鲜艳的色彩。相反，如果绿色较少，可以统一花的色调，或选择相近的颜色，制造出整齐的印象。

比如，即使是红、蓝、黄这些有很大差异的颜色，如果都是柔和的，那么搭配在一起也是协调的。或鲜艳的和浅淡的混杂在一起，或红、紫、蓝的同一色系，也很容易统一。

在庭院的角落里，高低错落地摆放着众多的球根盆栽。精心修剪过的迷迭香，长到80cm左右的大型黑花波斯贝母和郁金香的组合。

面前是即将盛开的蕾丝花。黄叶的**奥利亚**金银花和黄色系郁金香的盆栽置于用旧木箱制作的摆放台上。

左起：迷你花型的黄色**大太阳水仙**、丘吉尔水仙、**胡德山水仙**、黄色的**金色芬芳**葡萄风信子。花筐里的原种系黄花克鲁西郁金香、**优雅**花葱。最右边是即将开花的**胡德山水仙**。

沐浴在阳光下，盛开着白色和黄色花朵的原种系土耳其郁金香，粉里带黄的原种系**淡紫奇迹**郁金香，黄色和红色的黄花克鲁西郁金香。

房檐下、阳台上，盆栽的格调

后排左起：有许多刺和花蕾的粉红夜莺尾、垂筒花、月桂树、蓝色银莲花。

前排左起：紫色报春花、黑红色叶子的酢浆草、星形粉色花朵的春星韭，赤陶花盆里的葡萄风信子正在发芽。

常绿树和春天开花的球根
充满季节感的一幕

郁金香或水仙等球根花卉与四季都能观赏的观叶植物、常绿树一起摆放，能够很好地营造出季节感。已经让人感到厌倦的满眼绿色的角落，一下子就变得热闹起来。风信子、葡萄风信子和水仙的球根里积蓄了大量养分，即使放在室内光照不好的地方，也能开出漂亮的花。

房檐下阳光充足的地方，在翠绿龙舌兰和**奥利亚**金银花之间，点缀着淡粉色的**欢欣**郁金香。12 月下旬种下的球根，到 4 月中旬就会盛开。这个由混凝土墙面、黑色的花盆和木制工作台组成的硬朗的角落里，多了春天般的柔美。

日常的场景，也能因春天般柔和的花色变得炫丽。前面的白色花盆和马口铁花盆里，都是迷迭香。后面的白花是小灌木细梗溲疏。

玄关旁的门径。叶缘有大锯齿的蜜树,叶子尖尖的**蓝箭**灯芯草,种满开着白花的春星韭的木头花盆,组成超酷的组合,搭配黑色毛毡布花盆种植的紫色狒狒草。

玄关旁、门口和门廊,轻松快乐的享受

花期过后的葡萄风信子,会结出非常可爱的果实。保留不管,能收获黑色的种子,但是从播种到开花需要好几年的时间,所以一般会把花茎从根部切除,将球根养肥,下一年继续种植。

在每天忙碌的生活中
帮你静心的小球根

如阳台和玄关这样的狭窄空间,可以充分激活小球根的个性。球根从土里发芽到开花,属于生长较快的植物,每天饶有兴致地观察它的变化,爱意会自然地流露出来。大多数球根出芽之后不能停止浇水,保持必要的湿润非常关键,所以要放在经常活动的地方做装饰,以免忘记浇水。

在阳光充足的窗边，享受生长的过程

精致却带着不屈的野性
原种系球根植物的魅力

一般被称为"小球根"的种类很多都属于原种系，有适合盆栽培育的，也有栽种到地上不用管理的品种。所谓原种系，是没有经过园艺品种改良的，接近或就是野生种。秋植的春星韭、三棱茎花葱、垂筒花、紫娇花、葱莲等，都是小球根中特别结实的种类，即使盆栽数年也不需要换新土。如果长出新的分枝，可以挖出来分株种植。

长方形的花盆里是白葡萄风信子。方形花盆中种植的是淡粉色的红金梅草，它的花期较长，适合盆栽，虽然有点怕冷，但在东京周边可以放在室外过冬，霜降以后就要停止浇水了。小盆的是希腊银莲花。

风格 7

在只属于自己的园艺角
品味充实感!

花朵呈白色喇叭状的是**胡德山**水仙，簇状的是**早欢**。拥有成熟深邃色彩的是**黑重瓣**郁金香。还有一株枝叶舒展挺拔的瓶树。

在心仪的空间
欣赏最美的花

如果有向阳的工作角，或庭园向室内过渡的空间，可以把室外的球根盆栽带进来，尽情地享受花的乐趣。

4月上旬，花园里还没有太多可以做的事情，将大朵的百合花、多花的郁金香、大花型的水仙这些适合观赏的花与花园工具、工作服一起摆放，用春天的球根花和室内绿植尽情装点，让喜爱的地方立刻变成放松心情的空间。

在混凝土的小飘窗上摆放一盆**坡姐**葡萄风信子。使用和墙面质感相同的简单陶器花盆，与这个小空间协调。

风格 8

小窗边像雕塑一样的装饰

花本身就是艺术品
突出造型美

想在室内欣赏花期最美的时刻。到了 10 月，把在室外培育了 2~3 个月的葡萄风信子移到室内窗边欣赏。从低温的室外进入温暖的室内，花芽会迅速生长，很快就会迎来开花期。

如果想从种植开始一直在室内培育，那么在种植之前，球根必须经历过 2~3 个月的低温。用同样的方法，也可以种植蓝瑰花或雪滴花。在画框一般的小飘窗上、朴素的墙面前或日式房间的壁龛上，一起寻找把球根植物的造型美发挥到极致的可能。

朱顶红，只要一盆就能改变房间整体的氛围。收纳间的木门前，用古旧的桌子、工艺设计的椅子、旧框架和旧书籍，创造出独特的空间。

风格 9

装扮创新空间的工作场地

原种系朱顶红释放出
压倒性的美和存在感

原种系的球根，多数品种都很强壮，很容易培育。原种系凤蝶朱顶红，凭借具有冲击力的绿色和暗红色的花瓣倾倒众生。摆放在经常使用的工作台上，可以沉浸在田园般的氛围里。

大多数朱顶红花期过后叶子会继续生长，到了冬天，叶子全部掉落，进入休眠。但凤蝶朱顶红是常绿品种，花和叶能同时欣赏。由于是热带植物，不耐寒，因此要放在阳光充足的室内培育，一年四季都不能缺水。

原种系凤蝶朱顶红因为花朵与蝴蝶相似，也被称为"蝴蝶红"。由于是冬季育成品种，花期可以从冬天一直持续到春天。4月上旬，当气温逐渐上升时，开始生长花芽的是**当红明星**朱顶红，以及其他品种的朱顶红球根。

02
投之以盆栽，报之以花开！

了解球根的分类与选择、必要的工具和材料，以及培育的技巧。

从种植到开花，球根生长的全过程。

栽培 1　了解球根的种类

根据球根形态的不同，分为 5 种类别

球根植物是多年生植物，为了对抗严寒、酷暑和干燥等严酷的生存环境，土壤下的部分生长得很茁壮。根据这部分的形态，球根分为鳞茎、球茎、根茎、块茎、块根这 5 种类别。

球根植物是按照原产地的气候条件周期生长的。例如，番红花和葡萄风信子的原产地是地中海沿岸，冬季温暖多雨，夏季炎热干燥，因此在多雨的冬天长叶开花。夏天到来之前，叶子充分进行光合作用，土壤下的球根大量地积蓄养分；随着气温的上升，叶子逐渐枯萎，到了盛夏，休眠状态下的球根既不需要水，也不需要任何营养；当天凉了，下起雨时，再次焕发新生。

鳞片 —⎯
—⎯ 花芽
地下茎

鳞茎

鳞片呈洋葱状生长

叶子和茎很肥大，呈鳞片状重叠，形成块状，百合科和石蒜科比较多。有的类型如郁金香和荷兰鸢尾，将母球消耗殆尽，用新生子球代替；也有的类型如水仙、风信子和朱顶红，随着母球一年年壮大，长出子球。照片是风信子。

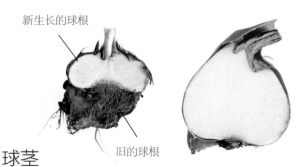

新生长的球根

旧的球根

球茎

地下茎短缩肥大化，呈球状

地下茎短而肥大，表面有皮。唐菖蒲、番红花、香雪兰等鸢尾科多属此类，还有蔬菜里的芋头和慈姑。仔细看肥大的部分，会发现重叠的节。另外，旧球根上长出新的球根，是被称为"木子"的子球。照片左边是唐菖蒲，右边是秋水仙。

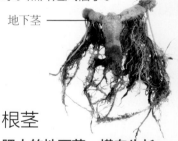

地下茎

根茎

肥大的地下茎，横向生长

在土壤中，水平延伸的地下茎肥大而多肉，根和茎从节的部分生长出来。德国鸢尾、白芨、美人蕉，蔬菜中的莲藕和生姜都属于此类。其他球根生长 1 年或几年后母株逐渐萎缩，子球取而代之，这一类有些不同，只要有适度的温度和水，地下茎可以不断蔓延，母株会生长得很壮，尽可能地伸展。照片是鸢尾。

芽

块茎

没有外皮，肥大化的茎

和球茎一样，根茎很肥大，但球根没有被表皮覆盖。其中马蹄莲和马铃薯只有茎的变化，银莲花和仙客来的茎和根都会变肥大。有的类型像马铃薯一样从母球（种薯）中长出像藤蔓一样的茎，在茎的顶端长出子球；也有的类型和马蹄莲一样，从球根顶端长出芽，再发育成新球根。照片是仙客来。

块根

变肥大的根，很敏感

根的部分变得肥大多肉，成为储藏养分的器官，大丽花、花毛茛、芍药和红薯都属这一类。这里的块根与近年来很受欢迎的多肉植物中的"块根植物"是不一样的。块根中心附近，多数芽发自茎的基部，所以要格外小心，不要伤到块根茎的部分。照片是大丽花。

栽培 2 选择较好的球根，可以决定植株的长势

鳞茎和球茎

[好的球根]

[不好的球根]

照片是水仙的球根。球根饱满，又大又重，发根的部分很干净。由于球根非常容易受伤，如果是较早购买的，最好选择没有剥皮的。

发芽过长或折断。球根老了，就会缩小。照片上的球根，因为本体缩小，皮都脱落了。

发根部已经发霉，发芽部又黑又干。在袋装销售的球根中，有时会有这种状态的。水仙的球根很有可能提前发芽，所以要尽早种植。

入手没有损伤的球根

到了 9 月，秋植球根开始上市。如果已经提前购买，那么在适合种植的时间到来之前，要放置在通风、阴凉的地方。

如果是块根，芽的部分则非常重要。为了不弄伤大丽花的球根，常采用盒装售卖。经常出现芽折断和只有根没有芽的情况，所以购买前一定要确认芽的状况。

常见的带标签的商品包装。在园艺店和家居超市，像百合这样大的球根是很受欢迎的品种，也可以买到散装的球根。在网络上的园艺店，有时也能买到已经发根的球根。照片是唐菖蒲的球根。

栽培3　准备好种植球根的材料

a. 简单易用的工具

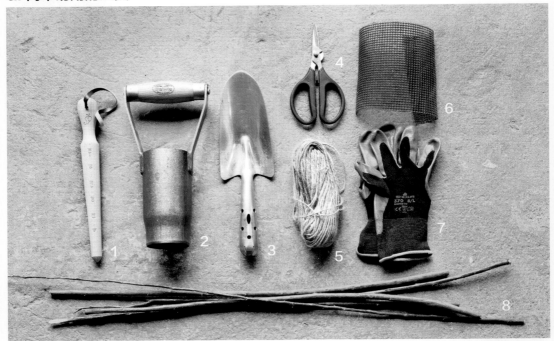

1. 带刻度挖土器
种植球根时，在土壤上挖洞的工具。有刻度，可以确认适当的深度。适合种植葡萄风信子和蓝瑰花等小球根。

2. 挖土器
适合大球根使用。将锐利的端部插入土中，把土装进中空部分，挖出种植用的坑。

3. 园艺铲
用于球根种植和混合搅拌土壤。便宜的很容易折断，推荐使用不锈钢的。

4. 剪刀
用于修剪花期后的花茎和叶子。如果带有能切断铁丝的钳口，就

更方便了。

5. 麻绳
用于连接支柱、整理散乱的叶子，也可用塑料绳代替。

6. 盆底网
根据花盆底孔的大小裁剪，防止培养土从盆底孔漏出和虫子的侵入。

7. 手套
处理类似含有硫酸钙的风信子球根时使用。与皮革的相比，薄而贴手，更加适用。

8. 支柱
竹制、塑料制品都可以，也可以使用修剪的树枝。照片是柳枝。

了解种植和日常养护时必要的工具和材料

种植球根必需的工具大多在家居超市都能买到。挖土器并不是必备的工具，但每个品种都有适合栽种的深度，使用有刻度的工具更方便。球根植物大多生长期较短，从种植到发芽，或生长期结束上部枯萎之后，很容易忘记这个地方种的是什么，提前安置木制或金属的名牌是个很好的解决方法。

b. 种植所必需的材料

材料 1 盆栽必需的

浮石
小粒的可以混合在培养土中，能够改善排水。大粒的适合作为盆底石使用。

盆底石
为了改善排水，将花盆容积 1/6 左右的石粒放在花盆底部。

底肥
有机的和化学合成的都有，种植时混入土壤，放在球根的下面。

树皮
用针叶树的树皮，粉碎成不同的大小。通常用作装饰花盆的材料，具有保温的效果。

培养土
混合了几种土壤，加了肥料。种植球根要选择排水性好的。

日向石
一种浮石，能改善排水性能，可以用鹿沼土代替。

抑制根腐专用土
能够吸附导致腐烂的有害物质，可以混在培养土中使用。

材料 2 肥料，提供生长所需的养分

液体肥料
见效快，定期施用。根据球根的种类、种植时期等，按不同频率施用。

固体肥料
缓慢出现效果的肥料。作为底肥使用，也可当作追肥。

球根不可或缺的
是品质与排水性俱佳的土壤

对于球根植物来说，根的发育对地表以上部分的生长有很大影响。盆栽的根能生长的空间有限，要想植株健康结实，必须使用品质好的土壤，让根得到充分生长。品质好的土壤，要包含充足的肥料，土壤颗粒既能充分吸收水，又能快速排掉多余的水。多数球根植物，都喜欢排水良好的环境。

购买培养土时，尽量选择赤玉土这类颗粒成分比较多的土壤。自己调配土壤时，以腐叶土或堆肥 2 ～ 3 成、赤玉土 5 成、鹿沼土或轻石 2 ～ 3 成的比例混合。对于喜肥的大丽花和朱顶红来说，需要混入更多的肥料。

过量施肥会导致枯萎，
必须严格控制施肥期和用量！

秋植球根（参照第 96 页）大多不喜欢过多的肥料，但是春植球根就需要多一些了。磷和钾含量高的肥料比较适合。种植的时候，用能够缓慢释放的固体肥料当作底肥，追肥可以用固体或液体肥料。不同种类的球根，施肥的频率和用量不一样，过多的肥料会影响花朵生长，也会导致根的枯萎。应根据相关的说明，进行适宜的施肥。

栽培 4　种植前需要了解的事

消灭球根表面细菌的方法

1 小包 0.5g 的杀菌剂，将 2 包溶解在 500ml 的水中。

将球根装入塑料网兜，直接浸泡在溶剂中。

此外，有机水溶剂等具有同样效果，使用方法也是一样的。

在种植前使用杀菌剂进行处理以预防病虫害和霉菌

有些球根很容易发霉和生病，在种植之前使用杀菌剂处理，能够有效地预防。

使用住友 GF 水溶剂，稀释倍数是 100 ~ 500 倍。如 1g 粉末用 100 ~ 500ml 的水稀释后，将球根浸泡 15 ~ 30 分钟。另外还有一种"粉衣"法，就是把粉末直接涂抹在球根上。

栽培 5　预先了解植物生长的情况

A　B　C

为了熟练地掌握培育的方法，需要抓住以下几个要点

处在生长期的球根，多数都需要充分的水分，否则会影响开花。盆栽的土特别容易干，发芽后一定不要忘记浇水。

有的球根在土中生病，有的发芽后却停止生长，有的没有经历低温导致不能发芽，有的怕冷种类被霜打后不能开花，等等，所以要好好了解球根的习性，才能愉快地感受它的生命力！

A. 长出花芽
种植后，球根内部已经形成了花芽，在发芽的同时，花芽也开始生长。

▶▶▶

B. 开花
花芽先生长，叶子再横向展开生长。

▶▶▶

C. 花期结束
花凋谢后，为了培育第二年的球根，叶子更加横向地展开生长。

栽培6　试着种植球根吧

a. 基本的种植方法

例1　单株种植

[材料]

晚茶百合的球根
百合不喜干燥，销售时会包裹在泥炭苔藓中。图中是去掉泥炭苔藓的球根。

花盆和盆底网
使用直径 25cm 的陶制深盆，在盆底铺好网。

盆底石
使用大粒的轻石，也可用大粒的赤玉土。

培养土
选择添加了腐叶土，富含有机质的土壤。

底肥
选择有机的固体肥料，也可以使用复合肥。

[种植方法]

1　放入盆底石
种植应在 12 月中旬。铺好盆底网后，铺盆底石至花盆容积的 1/10 左右。

2　放入培养土
放入深 5cm 左右的培养土。

加入底肥

将底肥撒在整个培养土的表面。

球根放入花盆时土壤的厚度

覆盖住肥料，再放入深 2cm 左右的培养土。

放入球根

让球根的根能尽量伸展。一盆种植一株最适合生长，图中为了观赏效果，种植了两株。

盖上土壤

放入培养土，再撒一点肥料。为防止浇水时泥土溢出，土应添加至花盆边缘 3cm 以下。

浇水

百合的球根不耐干旱，种植后要马上大量浇水，直到盆底渗出水为止。

千万不要让球根变干燥
在深盆的舒适宽松环境中培育

百合的花期是秋植球根中最晚的，在 5～8 月，适合的种植时间是 10 月～次年 3 月。但是百合的球根不耐干旱，购买后要尽早种植。

另外，球根的上下都有根长出，所以要选择深度至少是球根直径 3 倍的花盆，为了让根牢固扎实，要尽可能保持种植的空间。

树皮

有装饰土表和保水的效果，还能提高保温的效果，特别推荐在寒冷地区使用。

[种植方法]

1

放入日向石

种植应在 11 月中旬。将日向石铺到花盆 3/5 的高度。

2

放置球根

球根的尖端朝上，均匀放置。

3

用日向石覆盖

填至花盆容积的 4/5。

栽种下去可以欣赏好几年
充满魅力的原种系郁金香

结实又容易培育的原种系薄荷棒郁金香，种在地里可以持续开花数年，是非常优秀的品种。生长中最重要的是，要经过低温培育和在排水良好的土壤里种植。利用不含营养的日向石进行实验性的盆栽，证实了即使土壤本身不含肥料，球根也可以通过其自身的养分来开花。不过为了使球根在第二年增大，还是要使用混入肥料的培养土。

4

放上树皮

土的表面全部用树皮铺满。2 ～ 3 天后再浇水。

b. 来看看种植后的生长过程吧

例 1 晚茶百合

1

种植 17 周后的 4 月份，土壤表面有幼芽长出。

2

种植 19 周后，长到 15～20cm。

3

种植 20 周后，长到 30～40cm。

例 2 小苍兰

1

种植 13 周后，开始发芽。

2

种植 15 周后，叶子长到 10cm 左右，还有尚未发芽的球根。

3

种植 18 周后，叶子长到 15cm 左右，开始茂盛起来。

例 3 原种系郁金香

1

种植 14 周后，在树皮之间开始发芽。

2

种植 17 周后，叶子迅速生长到 20cm 左右。

3

种植 19 周后，叶子渐渐增多，高度达到 25cm。

4

种植 23 周后，长到 50 ~ 60cm，开始长出花芽。

5

种植 25 周后，长到 60 ~ 70cm，花芽开始鼓胀。

6

种植 32 周后，花芽开始变大，为防止花茎倒下，需要安装支柱。

7

种植 41 周后是赏花的时节，球根不同，花芽的数量也有所不同，开花期可以持续 10 天左右。

4

种植 19 周后，叶子更加茂盛，长到 20cm。

5

种植 20 周后，花芽开始生长。

6

种植 22 周后，花芽的生长超过叶子，前端开始变白。

7

种植 24 周后是赏花的时节，花期持续两周左右。

是为赏花，还是为了培育球根，不同的目的决定着球根种植的数量

在决定花盆大小和球根种植数量的时候，如果在花谢后需要培育球根，就要选择空间更大的花盆，种植数量上也要确保每个球根都有足够的生长空间。但这样就会因为植株的间隔太大，影响观赏花的效果。图中小苍兰和百合的整个生长过程，相对于花盆的大小，球根的数量有些多。葡萄风信子和郁金香等可以通过密集种植来提升观赏价值，充分享受这一季的美好。

4

种植 22 周后，长出花芽，温度上升后就会开花。

5

种植 23 周后，花开始凋谢，花瓣逐渐团缩在一起。

种植的第一年，各种球根都只能开1～2朵花，使用大空间的花盆或在地里种植，充分培育使球根增大，1～2年后就会开出4～5朵花了。

美丽绽放的**晚茶**东方百合杂种

晚茶东方百合杂种这一新品种从东方百合继承了形状和香味，从植株高大、颜色鲜明的喇叭百合继承了颜色。深深种植的百合球根，是为了让球根的上下都能长出根来，挨着花茎长出的根能够吸收水和养分，下面长出来的根，能够起到支撑作用。

c. 在同一盆中种植几种不同球根的乐趣

[材料]

风信子的球根

番红花的球根

原种系郁金香的球根

葡萄风信子的球根

种植花盆

盆底石

培养土

苔藓

底肥

[种植方法]

1

加入培养土，放置第一个球根
种植时间应在 12 月上旬。在深度 20cm 左右的花盆里，铺上一层盆底石，加上约 8cm 深的培养土，均匀地放置最大的风信子球根。

2

放置其他球根
将培养土加到风信子发芽的位置，在风信子间随机放置其他的小球根。

3

覆盖土壤

将球根全部用培养土铺盖，并把土添加至花盆边缘以下 3cm。

4

覆盖苔藓

用苔藓覆盖土壤的表面，苔藓只起到装饰作用，也可以不用。

[生长的过程]

1

叶子和花芽生长

种植 12 周后，风信子和番红花开始发芽了。

2

番红花开花

种植 15 周后，番红花盛开，风信子和葡萄风信子的花芽也开始生长了。

4

原种系郁金香开花

种植 19 周后，郁金香开花。因为植株容易倒下，所以加了支柱。齐根剪掉凋谢后的风信子花茎。

5

所有的花都开完了

种植 21 周后，所有的花都凋谢了，风信子的叶子枯萎变黄。

3

风信子和葡萄风信子开花
种植18周后，风信子开花了，个体不同，生长稍有差异。
粉色的葡萄风信子也开花了。

从风信子到郁金香，
可爱的春季盛开球根大集合

为了长期欣赏，将四种球根混合种植。首先，
早春时贴着地面开放的是原种系雪鸫番红花，
然后是白色的风信子和葡萄风信子，最后盛开
的是原种系克鲁西郁金香。可以用叶子较小的
原种系白裙水仙或西伯利亚蓝瑰花来代替郁金
香和风信子。也可以尝试只用雪滴花和希腊银
莲花等低矮的球根组成一盆非常可爱的植株。

葡萄风信子中比较少见的粉色花品种**粉色日出**和白色
的**卡内基**风信子。四种中唯一有香味的是风信子，生
长速度由于个体不同稍有差异。虽然不如想象的那样
完美，但已营造出了春天的欢乐气氛。

d. 球根种植的深度和季节的关系

比在地里种植要浅一些，
保证根部的生长空间

盆栽和在地里种植不同，根的生长空间受到限制，因此，除了百合等一些种类，大多数球根只要稍稍用土覆盖住球根头部即可，要保证根的生长空间。虽然土是越多越好，但如果土填满花盆，那么浇水时，不仅花盆里的水不能完全渗透，土壤和水还会流出来，所以只把土添加至距花盆边缘2~3cm 的位置，给水留下足够的空间。

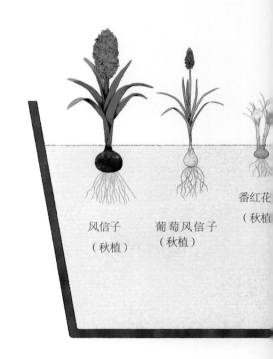

风信子
（秋植）

葡萄风信子
（秋植）

番红花
（秋植

按种植季节分类

球根除了可以按照形态分类以外还可以根据适合种植的季节，分为秋植球根、春植球根、夏植球根三类。但也有不属于这三类的品种，而且同一季节种植的品种，习性也不一定相似。根据种类和品种的不同，事先确认好适合的种植和培育方法。

秋植球根

球根在秋季种植，越冬后春天开花，从初夏到整个夏天都是休眠期，没有任何活动。原产于地中海沿岸地区的种类很多都属于这一类，也包括原产于亚洲的百合。在休眠的时候，让球根充分接受夏天的高温和冬天的低温是很重要的，否则生长和开花会受到很大的影响。代表品种有郁金香、葡萄风信子、风信子等。

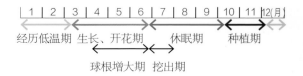

経历低温期　生长、开花期　休眠期　种植期

球根增大期　挖出期

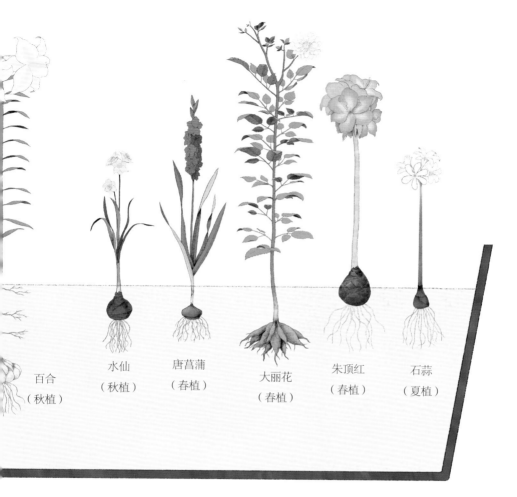

百合
（秋植）

水仙
（秋植）

唐菖蒲
（春植）

大丽花
（春植）

朱顶红
（春植）

石蒜
（夏植）

春植球根

球根在严寒已过的春季种植，初夏到秋天开放，天气变冷后枯萎，进入休眠期。很多原产于热带地区的种类，如大丽花、唐菖蒲、朱顶红等都属于此类，它们最大的特征就是不耐寒，地温（土壤温度）低就会枯萎，所以要从土里挖出来，储存到第二年的春天。

夏植球根

球根夏季种植，秋天开花，凋谢后长叶，冬季成长，春天枯萎休眠。纳丽花、石蒜类，以及秋水仙都属于这一类。特征是非常耐寒，一次种植后，可以持续生长数年。

e. 很适合与其他花草在一起种植！

[材料]

葡萄风信子的球根

蓝瑰花的球根

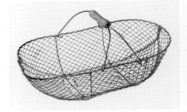

种植用的钢丝筐

仙客来的幼苗

伊吹麝香草的幼苗

培养土

苔藓

底肥

[种植方法]

1

加入土壤和苔藓，放置幼苗
种植时间应在 12 月上旬。苔藓的绿色部分朝外铺在篮子底部和边缘，之后在篮子里装入土壤，放置仙客来和伊吹麝香草的幼苗。

2

再加土，放置球根
在幼苗之间，摆放西伯利亚蓝瑰花和**葡萄冰**葡萄风信子的球根，用土壤覆盖住球根。

3

放置苔藓
在土壤露出的地方铺上苔藓。

[观察成长过程]

发芽的样子
种植 15 周后，葡萄风信子和蓝瑰花开始发芽。

葡萄风信子开始开花
种植 17 周后，葡萄风信子的花开始绽放。

蓝瑰花和葡萄风信子的花朵盛开
葡萄冰葡萄风信子的花朵是两种颜色的，尖端为白色，末端为紫色，其对比引人注目。这样一盆铺满了苔藓的植株能让人感受到大自然的气息。

让银莲花和花毛茛发芽的方法

种植前下一番工夫，促进根和芽生长

花毛茛和银莲花的球根，根据其品种特性，以非常干燥的状态进行销售。直接植入土壤浇水的话，球根会急剧地吸收水分，使内部的淀粉质膨胀，导致腐烂。因此在种植前，必须让它慢慢地吸收水分。把砂子或改良土等无菌保水的土打湿，将球根放在上面，置于阴凉的地方。经过 5 ~ 10 天，球根充分膨胀发芽后移植到土壤中。

[材料]

银莲花的球根

花毛茛的球根

改良土
700℃以上高温烧制矿物膨胀后的产物，多层叠加的构造，无菌，有很好的保水效果和通气性。

花盆托盘（大而深的）

[人工培育发芽的过程]

1 放置花毛茛的球根
在直径 3cm 的塑料花盆托盘里，铺 3cm 深的改良土，摆放球根。

2 放置球根
花毛茛的球根要分叉向下，银莲花的球根要尖端向下，等间隔摆放。

3 放置好球根的样子
银莲花 20 球、花毛茛 10 球。

4 加入改良土
改良土稍稍盖住球根就可以。

5 球根被覆盖住再浇水
均匀地浇水，使改良土微微潮湿，触摸时能感到水分即可。

6 开始发芽
2 周后开始发芽，球根比刚种下时膨大了很多。

7 幼芽继续生长
又过了 1 周，银莲花的幼芽已经成长了不少。

8 用手取出球根
根须伸展出来就可以移植到花盆里了。轻轻抓住球根的肩部，慢慢地拔出。

9 移植到花盆里
花盆里预先放入培养土，再均匀地摆放银莲花的球根。根据花盆大小，安排相应的数量。

10 在花盆里加土
添加培养土，盖住已经发芽的球根。

11 照顾好刚长出的幼芽
充分浇水，并放在房檐下向阳的地方。

12 长出叶子后
第 5 步后 13 周，叶子长得很结实。

13 继续生长，植株也长高了
第 5 步后 18 周，叶子旺盛地生长，长出了花芽。

14 花开始绽放
第 5 步后 21 周，白色的花一朵接一朵地开放，能欣赏 1 个月左右。

15 盛开的样子

03
了解种植后的日常养护

从种植球根开始，到花凋谢后的处理。
介绍盆栽球根的基本养护方法。

管理 1

怎样浇水才是正确的？

最基本的浇水法
盆土干了就浇透

秋植球根大多数原产于冬季雨水多的地区，幼芽生长需要大量的水分。如果土壤表面干了，就要充分浇水。但是刚植入土壤中的球根非常干燥，一下吸收大量的水很容易腐烂，因此要放置 2 ~ 3 天让土中的湿气渗入球根后，再开始浇水。有些球根需要很长时间才能发芽，很容易让人忘记它的存在。为了防止忘记浇水，建议将堇菜和庭荠与球根一起栽种。

春植球根也是一样的，如果盆土干了，就要浇透水。但在不同的季节，要根据植物的习性改变浇水的方法。例如，春植的大丽花要在炎热的暑期里茁壮成长，所以晴天的早中晚都不能让土壤干燥。

管理 2

花盆应该放在哪儿？

只有经历过寒冷的考验
花芽和花茎才能茁壮地生长

秋植球根盆栽发芽前要放在寒冷但不会上冻的地方，长出幼芽后，放到日照充足的地方。花蕾长出后，为了欣赏，可以搬进室内，但如果第二年还想欣赏花朵的绽放，在花期中也要尽可能多晒太阳。春植球根不同，大多数都难以抵抗盛夏的直射阳光，要选择遮光的地方安置。

管理 4

花开花落自有时！

凋谢的花朵
应该立即摘掉

凋谢的花朵不仅让植株外观不好看，也可能导致植株生病。像花毛茛和银莲花这样不断开花的品种，摘掉凋零的花朵不仅可以让植株茁壮，还能延长花期。另外，为了第二年球根的增大，

郁金香的生长→摘除花朵→植株干枯

[生长]

管理 3

病虫害的预防与对策。

对于妨碍生长的霉菌和害虫
提前解决很重要！

首先，在购买时，一定要确认球根上没有附着霉菌和虫。为了预防疾病，种植之前要进行有效的杀菌（参照第 84 页）。刺足根螨肉眼无法辨别，推荐使用有机磷类杀虫剂——乙酰甲胺磷颗粒来防治。在球根下面的土里少量播撒，避免球根直接接触杀虫剂。

在通风不良、过于潮湿的地方，植株容易患花叶病、软腐病、霉病等。如果有蚜虫和蜘蛛螨等虫害发生，要尽早使用专用药剂，防止扩散。

避免在种子上的消耗养分，也要立即摘除花朵，培育叶子。不过，像春星韭、红金梅草、葱莲、蓝瑰花这样的小球根类就不用太在意了。

1 种植球根后，植株长到 8cm
种植 10 周后，芽长到了 7 ~ 8cm。一盆种了 10 个球，还有没发芽的。

2 继续生长到 10cm
种植 11 周后，全部都发芽生长了。植株长到 10cm 左右。

3 继续生长到结出花蕾
种植 12 周后，开始结出花蕾，植株大约 20cm。

花开了！
种植 13 周后，花完全绽放。10 个球中有 9 个开花了，可以持续欣赏 10 天。

花凋谢后的样子
种植 15 周后，盛开 1 周左右的花瓣开始落下。如果只养育这一年的话，可以连根拔出处理掉。

剪掉衰败的花朵
要培育下一年依然健康的球根，应在花完全盛开的时候剪下花头。

摘掉残花后的样子
剪掉花朵后的样子。继续浇水培育。

叶子渐渐变黄
种植 17 周后，叶子开始变黄。当叶子完全变黄时，把球根挖出来。

植株枯萎的样子
23 周后的样子。如果不挖出球根，植株会自然枯萎。如果没在适当的时间挖出，球根会长出子球，不小心被雨水浇到可能就腐烂了。

管理 5

有些植物必须摘芽处理

为了绽放更大的花朵，
不可或缺的摘芽工作

春季种植的大丽花球根，会长出许多花芽，如果完全保留，植株会肆意伸展，造型无序，很容易栽倒。同时，太多的腋芽只能开出很小的花。因此，需要摘掉腋芽，按照一定的造型进行培育。

大丽花一般应在春季种植，但它不喜欢高温多湿的环境，除了很凉爽的地区以外，可以选择在 6 月中旬种植，秋天观赏。这样可以避免暑热的影响，让植株健康地生长。大丽花喜欢充足的阳光、凉爽的环境和适度湿润的土壤。如果在早春种植，花期正是最炎热的时候，早晚都要认真浇水才行。开花后，既要避免被阳光直射，又不能被雨水淋到。

大丽花的种植→生长→开花→摘芽

[材料]

大丽花的球根

花盆

培养土

盆底石

堆肥
堆积草和落叶，自然发酵的产物。
能使土壤变软，促进微生物的活动，
改善根的发育。

缓效固体肥料

[植入球根]

1
在培养土中加入堆肥
种植时间应在 5 月上旬。在市面上
销售的培养土中加入 1~2 成堆肥，
并充分搅拌。

2
放入土和缓效固体肥料
使用直径和高度均为 27cm 的花盆。
放入盆底网，2cm 左右的盆底石，
5cm 左右的培养土。再放入一些堆
肥和缓效固体肥料。

3
加入培养土，放置球根
在固体肥料上放入 5cm 左右的土，
横向摆放球根。

4
加土
加入 10cm 左右的培养土。

[生长]

发芽前的状态
种植 1 周后，还没有发芽。

长出叶子
种植 5 周后，每个球根都发芽了，
长到 8cm 左右。

叶子数量增加，需要搭建支柱
种植 7 周后，芽继续生长，用柳枝
做支柱。注意球根不要被树枝扎到。

[摘芽]

进一步生长
种植 9 周后，植株长到了 50cm 左右，
可以摘芽了。

确认不需要的腋芽
为了得到大的花朵，留下顶部的 1
个花芽，剪除其余的腋芽。

剪掉腋芽
注意不要弄掉主干上的叶子，从腋
芽的茎根处剪下。

同样的动作
剪掉另一侧的腋芽。

剪掉靠上的腋芽
不只是靠近根部的位置，上面也会
出现腋芽，同样剪掉。

同样的动作
剪掉另一侧的腋芽。

14 摘芽完成
只剩下最顶端的花芽。

15 左侧的一株，没有摘芽
只有右侧的一株做了摘芽处理。

[直到开花]

16 含苞待放的样子
种植 10 周后，花芽开始慢慢鼓胀。

[摘芽处理过的花]

绽开的大花朵
摘芽处理过的植株花朵很大，直径有 10cm 左右，第二朵也比较大。

[没有经过摘芽处理的花]

开了些小花
没有经过摘芽处理的植株，花芽也都鼓胀了，但花朵较小。

17 花开了！
种植 12 周后，摘芽的一株花朵很大。没有摘芽的一株长出几朵花芽，每一朵都很小。

管理 6

关于追肥的方法。

养分给得过多是不行的！
在适当的时候适量施肥

施肥过多的话，根的长势不足以消耗肥料，会造成损伤。基本原则是少量施用缓释肥料。预先混入土中的肥料叫做"底肥"，种植后施用的肥料叫做"追肥"。根据球根的种类，追肥可以使用液体或固体肥料。朱顶红、大丽花和先后长出多个花芽的银莲花等，都可以在土壤表面放一些固体缓释肥料。其他种类的球根在根和叶的生长期和花期结束后的球根增大期，以每月 1 ~ 2 次的频率稍稍上一些液肥。容易烂根的雪百合这样的植物，不用追肥。

管理 7

花期结束后该怎么办？

进入休眠期之前继续浇水和施用液肥
让球根更加饱满

花期结束，如果第二年还想再开花，那么就要在叶子还很健壮的时候，每 2 ~ 3 周施用 1 次液肥，继续培育。一般情况下，等地上的部分完全枯萎，就要停止浇水，土干后挖出。秋植球根在天气变热之前，叶子会变黄进入休眠；春植球根在秋天变冷的时候叶子会变黄。

蓝瑰花、春星韭、雪滴花、希腊银莲花等秋季种植的小球根类植物，有些是不用挖出的，停止浇水后，保持盆栽状态休眠，第二年适当时再开始浇水。春季种植的朱顶红也不用挖出来，叶子变黄后断水，在天气变暖之前都可以在盆栽状态下休眠。

朱顶红

[从种植到生长]

1
去除有损伤的根
种植应在 5 月上旬进行。在种植之前，去除掉**苹果绿**朱顶红球根干燥和有损伤的根。

2
往花盆里放土
铺设盆底网、盆底石，培养土填充到花盆 2/3 高度。

3
放置球根
放置球根，添加培养土到能够露出球根肩部的程度。

4 施加固体肥料

在土壤表面放置些固体缓释肥料。

5 种植完毕的样子

为了美观，用苔藓盖住盆栽表面的土壤。

6 美丽的花开了！

种植 4 周后，植株长到 50cm 左右，花朵盛开。

7 花期后的样子

种植 6 周后，花期结束。为下一年做准备，需要剪掉花茎。

8 叶子生长，剪掉花茎

齐根剪掉花茎，不要剪到叶子。

9 就这样一直等到来年的生长

叶子继续长高。放在阳光充足的地方，直到叶子变黄。

[如果朱顶红结了种子]

花期后，如果保留花茎不管，有时会结出果实。

种荚的每个仓里约有 50 颗种子。种子的构造使种子很容易被风吹起来。

保存时，要在阴凉处慢慢干燥。等到暖和的时候播种下去，1 个月左右就能发芽，经过 3 年可以开花。

花期结束后，把球根挖出来吧！

花期后球根的保存法：
因种类和特性而不同

唐菖蒲和水仙的球根被挖出后，要带着土充分干燥，之后除掉旧的根和土进行保存。银莲花需要用水冲洗掉土壤，尽量做杀菌处理，在阴凉通风的地方慢慢干燥变硬，然后保存。百合一类的球根，如果挖出干燥，会消耗很多养分，保持盆栽的状态直到第二年秋天，再挖出进行移植。像大丽花这样不能抵抗寒冷和干燥的种类，挖出来后，要埋在干燥的改良土里，放在室内保存。

a. 葡萄风信子
[花期结束后的处理]

1
花期刚刚结束
4 月中旬，如第 49 页的水培后，被移植到土里的葡萄风信子。放置在向阳处养护，每 2 周施加一次液肥。

2
叶子开始变黄的样子
移植到土里 9 周后，叶子的数量增加了，开始渐渐变黄。

3
用园艺小铲取出球根
使用园艺铲，不要损伤到球根，小心地把它挖出来。

4
挖出来的样子
挖出花盆里所有的球根。不清洗，干燥一段时间后，甩掉泥土也是可以的。

5
洗掉泥土
或者不等它干燥，就直接用水洗净球根。母球很饱满，挂着一些子球。

6
用剪刀剪掉叶子
把剩下的叶子也都剪下来。

取下子球
取下下一季用的子球。

剪掉根
剪掉母球的根。

分开母球和子球
处理完毕的样子。子球第二年是不能开花的，要经过 2 ~ 3 年的培育才能长出花芽。

准备进行杀菌处理
准备杀菌剂或硅酸盐白土。

涂抹杀菌剂
球根的表面全部都要涂抹杀菌剂。

放在网兜里保管
放在网兜里阴干，完全干燥后，在通风良好的阴凉处保存。

b. 郁金香

[挖出作业]

植株枯萎的样子
如第 104 页的盆栽郁金香，试着挖出球根。

用铲子挖出
球根的数量减少，大小也变小了。

取出球根
多个球根种在一个盆里或没有及时挖出，都会使腐烂的球根增多。

球根是怎样繁殖的？能不能多新生一些？

5 种类型各不相同
繁殖与等待下一代开花的日常

球根的 5 种类型，繁殖的方法不尽相同（参照第 80 页）。鳞茎的葡萄风信子和水仙，母球生得饱满，还挂着子球，第二年也很容易开花，如果单独培育分开的子球，1～2 年也有望开花。

同是鳞茎的郁金香也会长出子球，但母球就消失了。因为子球的尺寸太小，第二年一般不开花，即使开花也会非常小。

球茎的唐菖蒲和小苍兰的母球会消失，在上面长出新的球根。好好培育的话，侧面会长出被称为"木子"的小球根，分开种植后，第二年便会开花。

a. 和母球不同体，自然地分开

鳞茎的繁殖方法：
用子球和木子繁殖

鳞茎的葡萄风信子和风信子的叶子产生的养分会被送到地下，在使母球（原来的球根）增大的同时，也会使一部分母球的侧面长出子球，子球的旁边还会长出能够繁殖的更小的球根，被称为"木子"。

○荷兰鸢尾

开花时的样子
秋植的荷兰鸢尾会在 4 月开花，经过 1 周，花期就要结束了。

刚刚挖出来
花期结束后，挖出荷兰鸢尾球根的样子。

分球的球根
剥去表皮，已经开始分球，鳞茎以特有的方式增加子球的数量，与球茎不同。

○郁金香

分球后的样子
水培的郁金香球根。继续培育，就会分球形成子球了。

○葡萄风信子

已经生出子球和木子的样子
母球在第二年继续种植还会开花。要让子球开花，必须种植、挖出保存，反复数年才可以。

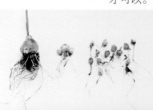

球茎的繁殖方法：
母球消失了，生出了子球和木子

球茎的唐菖蒲和番红花开花后，会将地上产生的养分储存在茎上，母球会慢慢消失。茎的部分逐渐呈球状变肥大，在表皮里面形成几个子球。在子球的旁边，会长出更小的木子，用来繁殖。

○唐菖蒲

[从开花到分球]

开花时的样子
正当酷暑，花茎因此有些弯曲，但还是绽放着很大的花。

开花时的样子
种植 13 周后，盛开的唐菖蒲。

枯萎时的样子
种植 17 周后，叶子开始变黄，花期后剪掉花茎。

母球上分离出子球
茎变得肥大，新的子球出现在植株根部。

挖出来的样子
切开的唐菖蒲子球，正在分开成 2 球。因为是球茎，能看出茎变得肥大，下面的茶色部分是剩下的母球。还没有长出木子。

b. 球根不会自然分球，会生出新的芽

根茎和块茎是不分球的，母球越长越大，繁殖后代

根茎的德国鸢尾、鸢尾和白芨，球根不会分开成一个个的子球，而是整体变大、出芽繁殖。如果想繁殖新的一株，可以从挖出的球根上切下一部分当作分球来用。块茎的仙客来球根本身不会被替换，母球每年都会变大，孕育出新的芽。还有一部分原种系郁金香品种会长出被称为"Runner"的根，它上面会长出新的球根。

c. 用珠芽繁殖

只有植物才能做到，用珠芽、子球、木子来繁殖

不用胚胎或种子，而是用根、茎、叶等植物器官来繁殖下一代的方法，叫做营养繁殖。珠芽就是其中一种器官，可以说是在地面上、从地上茎上长出的球根。如果长在地下茎或子球的表面，就是木子。唐菖蒲、百合品种中的鬼百合和卡萨布兰卡都会长出珠芽。珠芽长大后会自然脱落，种在土里便能生根发芽，养育3~4年就可以开花了。

d. 其他繁殖方法

虽然需要很长时间，但也可以用种子来繁殖

球根在花期结束后会结出种子，可以播种培育出下一代。葡萄风信子、蓝瑰花、朱顶红需要培育3年左右可以开花。自己不能分球的仙客来，也是用种子来繁殖的。另外，还可以在长着叶子的球根上，切下带有1~2片叶子的一小部分，插

在改良土里，这种方法称为"叶插"法。百合类的鳞片扦插法是在潮湿的改良土上插上一片片鳞片，用保鲜膜覆盖起来进行培育，鳞片上会长出子球。还有切割法，是使鳞茎稀有品种增加子球的特殊方法。切片扦插法，像纳丽花这样很难分球的球根，可将母球纵向切成6片，插到改良土里。

04
把培育好的盆栽花，装点在室内尽情欣赏吧

有一些球根盆栽在市面上很少能见到，培育起来有些难度，更适合有经验的人种植。

搭配室内的装饰，尽情地装扮一下
购买盆栽的球根，享受可爱花朵带来的乐趣

在土中种植球根的乐趣是能看到生长的过程。如果珍视的球根绽放了花朵，喜悦就更加强烈了。只是，有一些市场上见不到的品种，在家中培育、管理会有难度。另外，每天忙忙碌碌、无暇照顾植物的人也很多。

1月份前后，温室里培育出的可爱的、春天开放的球根盆栽会出现在市场上，买一盆回来欣赏也是不错的。温室里长大的植物，不要突然放在寒冷的室外，要使用花盆套或托盘，装饰在室内阳光充足的地方，同时远离空调的暖气，这样便能够欣赏很长时间，提前一步，感受春天的到来。

例 1

花毛茛
[Ranunculus]

花瓣艳丽夺目的**穆萨**花毛茛，将盆栽整体放到
陶制的瓶子里，土壤表面用苔藓做装饰。

'Rax'品系花毛茛有着艳丽的花瓣。

虽没有奢华的外观，但饱满健壮的花朵相继开放，能欣赏近2个月。

紫色的花毛茛，整盆放在地中海风情的篮子里，挂在墙上，使生活空间变得华丽多彩。

例 2

马蹄莲
[Zantedeschia]

彩色马蹄莲，有喜干的品种和喜湿的
品种，这是喜湿的马蹄莲。喜干的品种，
叶子是尖的，花朵有粉色和黄色。

喜湿的品种适合在地里种植，在日本关东以西地区，
可以直接种在院子里。

蓝钻石郁金香是玫瑰一般花团锦簇的
重瓣品种。12月下旬到次年3月中旬，
郁金香的盆栽都能在市场上买到。

椰叶编的篮子，套在花盆外面。在购买盆栽的时候，选择花芽已经稍微带有颜色的，这样的植株开放的时间比较长。

例 3

郁金香
[Tulipa]

例 4

贝母
[Fritillaria]

浙贝母的球根讨厌高温干燥的环境，在一些炎热的地区很难生长。

日本"网笠百合"原产于中国，球根作为中药，有镇咳、去痰、利尿等功效。

阿尔泰贝母，把盆栽移植到铁制的花盆里，土壤表面用山苔藓覆盖。由于不耐高温潮湿，花期结束叶子变黄后，要保存在阴凉、稍微潮湿的地方，等到秋天时挖出，种植在新的土壤里，第二年依然能享受种植的乐趣。关键是不要让球根干燥。

用球根苗精心制作华美的组合盆栽

集合喜爱的球根花，尽情创作只属于自己的组合盆栽。
浓缩早春庭园里的精彩，充满魅力的一盆植株。

左起：阿尔泰贝母、中国水仙、
欧洲银莲花德卡昂栽培群、雪
片莲、**青魔法**葡萄风信子、风
信子、**法兰**郁金香、雪滴花。

a. 郁金香和葡萄风信子组
成的黄色篮子

郁金香"狐步舞"、罗马风信
子"绿珍珠"、白色的白葡萄风信
子和黄色簇状花朵水仙的组合盆
栽。土表铺满了苔藓。

图中的郁金香，是在鲜花店就能买到的带有球根的鲜花。当然，也可以洗净已经露出花芽的盆栽花的根，放在室内做装饰。组合盆栽和瓶插花，无论什么风格都很有情趣。

原种系**淡紫奇迹**郁金香作为主体的组合盆栽。右图中前面的是**变色龙花葱**，正如其名，花色是从白到粉的渐变色，开放的时间比其他品种要持久。后面的是**白筒纳金花**，叶子的肉质略厚，开放时间能够维持 1 个月以上。如果用藤篮作为花盆，应预先在土下铺好防水材料。

b. 组合盆栽的主角是原种系郁金香

用天然材质的花盆诠释清爽的春天

如果使用发芽球根的苗和盆栽球根，初学者也能轻松地制作春天的组合盆栽。花盆要讲究一下，用藤篮演绎自然的风情，与春天般淡淡的花色搭配起来非常出众。随意布置的幼苗虽显自然，但却容易散乱，可以把郁金香和风信子安排在后面。另外，如果盆栽容器比较浅，选择植株较低的品种会显得很可爱，这样就完成了一盆搭配平衡的组合盆栽。土壤表面可以不用苔藓，用兰花参或铜锤玉带草这种初春就开始蔓延的草本装饰会更加出色。

c. 花葱和蓝铃花的浪漫篮子

在丹桂和黄杨围绕的庭院一隅，在被花叶常春藤覆盖的凉亭旁，度过轻松的下午茶时光。颜色鲜艳的是变色龙花葱和西班牙蓝铃花的组合盆栽。

每一朵盛开的花都有观赏价值。如果想让它第二年也开花，花谢后就要立即移植到添了新土的花盆里，不要弄伤根，认真地培育，让叶子茂盛起来。如果是小球根，则保持盆栽的状态就可以。等到叶子都枯萎了就停止浇水，放到房檐下保存，不要被雨水淋到。11 月前后再次浇水，使球根重新开始生长发芽。

第3章

露地栽培，
小巧的庭院变得很多彩

以自己的节奏，迅速又稳健地成长。
美丽的花，让绿植墙和庭园角落变得明亮。
种下，开花，挖出，每一步都耐人寻味。

工作室的庭院里种了盛开的球根花。每个角落的种类都不同，但都是统一的清淡柔和颜色。

01
沉迷于地栽，建造球根植物的小花园

还没有完全长出绿色的 4 月，庭院里绽放着灿烂的郁金香和水仙。

早春，是期盼植物生长的季节，也是让提早开放的球根植物悸动的季节。

上：属于"特瑞安群"的**银色云朵**郁金香。所谓"特瑞安群"，是由"单瓣早花群"和"单瓣晚开群"杂交形成的类群。这一类群的品种最多。单瓣的花瓣是淡紫色，最明显的特征是被称为"黑轴"的黑色花茎。

下：铃铛形花朵的雪片莲。非常强健，不用精心养护也能持续开花好几年。如果植株长得太过拥挤，要等叶子变黄后再挖出来分株和分球。

球根与落叶树、宿根植物新绿间的时间差，是装饰小庭院的窍门

早春时节，落叶树和宿根植物还在休眠，庭院略显寂寞，秋植球根却悄悄地发芽了。在沐浴了足够的阳光后，郁金香和水仙迎来了开花期，成为了庭院的主角。花谢后，虽然叶子不太出众，但好在那时其他植物的叶子已经非常繁茂了，球根能够很好地隐藏其中。

当庭院变成深绿色的时候，球根的地上部分开始枯萎。球根植物与落叶树和宿根植物有着不同的生长周期，它们生长在同一个庭院里，即便庭院很狭小，也能达到很好的效果，无论哪种植物都能为你带来快乐。

秋植球根的种类与特征

除了小苍兰和花毛茛等一部分种类，秋植球根都很耐寒，适合在保持适当湿度和温度的地里种植。在绣球花、溲疏等灌木的旁边适合种植水仙、蓝铃花或葡萄风信子；在落叶的高大树木根部，推荐种植雪滴花和蓝瑰花。

春植球根的种类与特征

不同种类的春植球根，其种植场地和管理方法也不相同，但大多数都不喜欢盛夏的高温多湿和强烈的日照。选择树荫下的地方，在土壤中混入堆肥或土壤改良剂，并提前做好排水的设施。

夏植球根的种类与特征

夏植球根最适合搭配庭院里的灌木。从夏末到初秋，在其他植物的花越来越少的时候，夏植球根突然露出花蕾，绽放花朵。在花谢的初秋，叶子和茎芽开始生长，到了冬天，鲜绿的叶子变得茂盛，石蒜科的球根多有这样的特征。

栽在没有分枝的落叶灌木聚花美洲茶的根部，只要阳光充足，即使在进深不大的墙边，也能开出漂亮的花朵。

一个完全没有打理的庭院，2 年前仅种植了 3 个球的雪片莲却逐年生长，已经长成 60cm 的大株了。但如果让郁金香的花开得时间过长，第二年就很难再开花了。

4 月上旬，工作室的庭院。上年 12 月种下的**胡德山**水仙在落叶灌木糯米条的根部盛开。

02
在院子里种植球根植物，能获得无比的充实感

与水培和盆栽不同，地栽球根植物的魅力在于可以创造出更自然的风景。种下有存在感的球根，让它装点在每个季节里吧。

种植 1

种植前应该知道的知识

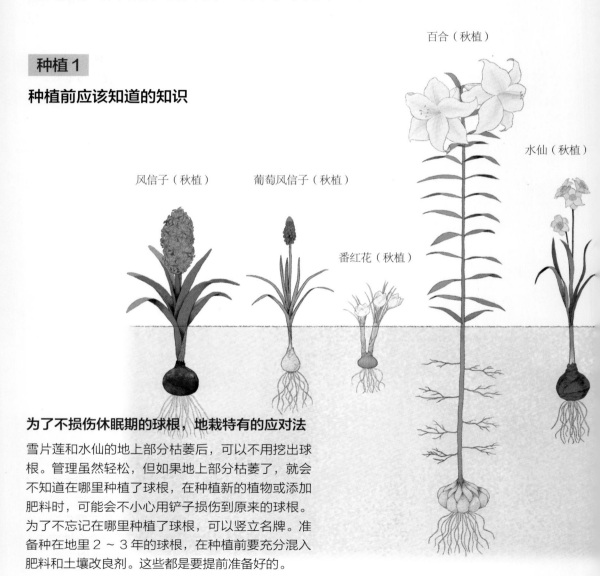

百合（秋植）

水仙（秋植）

风信子（秋植）　　　葡萄风信子（秋植）

番红花（秋植）

为了不损伤休眠期的球根，地栽特有的应对法

雪片莲和水仙的地上部分枯萎后，可以不用挖出球根。管理虽然轻松，但如果地上部分枯萎了，就会不知道在哪里种植了球根，在种植新的植物或添加肥料时，可能会不小心用铲子损伤到原来的球根。为了不忘记在哪里种植了球根，可以竖立名牌。准备种在地里 2 ~ 3 年的球根，在种植前要充分混入肥料和土壤改良剂。这些都是要提前准备好的。

种植 2

关于盆栽与地栽的差异

地栽要比盆栽种得更深！最少要是球根尺寸的 2 ～ 3 倍

除了百合和部分朱顶红，地栽时，一般以球根大小的 2 ～ 3 倍深度为基准。盆栽由于土壤的容量有限，为了保证根部尽量大的生长空间，要比地栽栽种的深度更浅。纳丽花和一些垂筒花等不适合在日本地栽。

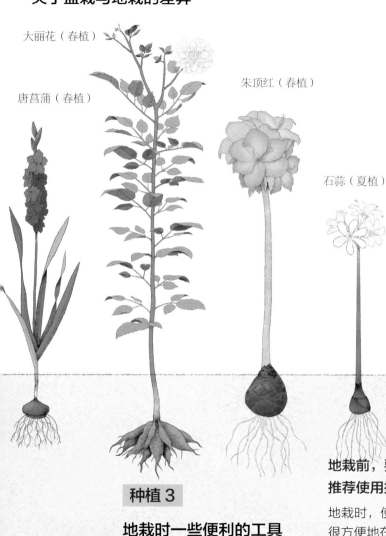

大丽花（春植）

唐菖蒲（春植）

朱顶红（春植）

石蒜（夏植）

种植 3

地栽时一些便利的工具

地栽前，要挖好深坑，推荐使用挖土器

地栽时，使用挖土器（参照第 82 页）可以很方便地在其他植物根的蔓延空间中种植球根。使用园艺铲很难挖出适合的坑，用铁锹又会损伤其他植物的根。如果在宽广的土地上种植大量的小球根，不用一个个地挖坑，可以直接在散植的球根上覆盖土壤。

03
从秋植球根开始

秋植球根在土壤中过冬，早春开始陆续开花。

一边想象着庭院里鲜花盛开的样子，一边栽种球根吧。

种植1　准备好想在院子里种植的球根

A 区

布置球根的位置
将**白色山谷**郁金香和百合的球根连同包装一起放在将要种植的位置。一边联想花色、花的大小和庭院的布局，一边布置。

拆除包装，植入土里
从包装中取出球根，考虑球根生长后的大小，让球根之间空出一定的间隔，一个个地布置好。郁金香最少要间隔两三个球的空间。百合将来可以作为背景，布置在最里面。

B 区

沿着建筑物的外墙布置
带着包装摆放**粉扑花葱**和**银云**郁金香的球根。因为没有太多进深，所以采用横向分组式布置。

拆除包装，植入土里
从包装中取出球根，按生长后的大小确定间隔，排列球根。

种植几种不同种类的球根，以保证较长的观赏期

秋植球根从发芽到枯萎的时间很短，在庭院中通常被当作配角。但如果把开花期不同的球根混种在一处，观赏期就变长了。花期重叠时，花园的一角会格外引人注目。在同一场地，如果混种多个种类，早开花的可以选小花的品种，晚开花的选择大花的品种，这样后开的花就不会被先开花的叶子和茎遮挡住。参考球根包装上的照片，考虑怎样搭配组合，这个过程会非常快乐。

其他区域

同样，在庭院的其他地方也进行布置
在这里，全部用原种系郁金香来布置。与 B 区相同，因为进深小，所以就沿着外墙种植。

种植 2 挖好坑，种下球根

a. 种植小球根

挖出两三个球根的坑
垂直地使用园艺铲，挖一些能放进两三个球根的深坑。

把球根放在坑里
确认好每个球根的方向。郁金香要尖头朝上放。

球根放入坑里的样子
为了避免弄不清已种球根的位置，可以先把所有的球根都放进坑里，再覆盖土壤。

从上面盖土
所有的球根都放置在坑里，从上面覆盖土壤。

全部用土壤覆盖，平整土壤
平整土壤，并插上名牌标记。

使用标记
为了清楚知道在哪里种了什么，可以使用园艺名牌。

b. 种植大球根

用园艺铲挖 20cm 左右的坑
垂直使用园艺铲，挖一个百合球根3倍大左右的坑。深度根据球根的种类进行调整。

放入球根
拿着球根的肩部，将根分散开，放入图1挖好的坑里。

放入球根的样子
球根放置后覆盖上土壤。百合需要种植得深一些，但也有一些大球根，如大花葱和仙客来是要浅植的。

c. 完成每个区域的种植

A 区

全部的坑挖好，所有球根都放好的样子。

覆盖土壤，整体平整。不需要浇水。

其他区域

其他区域的土壤也要平整，根据需要竖立园艺名牌。这里种着番红花、花葱和郁金香。

种满了原种系土耳其郁金香。

栽种了水仙和番红花。在这里，也可以种一些如庭荠或堇菜这样的一年生草本植物。

04
地栽时的注意点和管理法

水培、盆栽和地栽球根的生长环境完全不同。学习地栽球根植物的管理方法和注意要点。

提示 1　栽种后，浇水的注意点

不同种植时期和球根种类浇水的窍门

一般来说，秋季地栽的球根是不需要浇水的。但在冬季雨量较少、持续干旱的时候，也要隔一段时间浇一下才行，因为根在冬天也会生长，太干燥的话会受到影响。特别是像郁金香一样喜湿的品种，要充分浇水。对于春季地栽的球根，夏天的高温会大量蒸发水分，因此要在地温较低的早上或傍晚充分地浇水。

提示 2　球根说明的参考

确认植物的开花期和植株高度，在球根种植及其生长过程中都会有帮助

园艺店和家居超市里摆放的球根大多都会附带开花时的照片和说明标签装在网袋里销售。标签的背面写着开花期、植株高度和学名，对种植的深度、用土、栽培方法等也有说明，还有的写着名字的由来、原产地气候等。即使是同一种类，品种不同，栽培方法也有差异，因此参考说明适当地管理吧。

植株比较高的花葱和番红花有早春开花和晚开两个品种，根据环境选择花期适当的品种。

提示 3　地栽特有的施肥方法和管理中的注意点

生长期施较薄的液肥，及时摘花预防病害

秋季种植也好，春季种植也好，在生长期里，每 2～3 周进行 1 次追肥，施稀释 1000 倍以上的液肥。尽早摘掉百合和郁金香花谢后的残花，如果放置不管，花瓣易产生霉菌，引发病变。

不要使用剪刀，剪刀可能传播病菌，要用手摘下残花。大丽花和花毛茛可以用剪刀剪。春星韭、雪片莲等可以一直种在地里好几年，如果花开得不健康了，在叶子变黄时进行分株。

05
秋植球根开花的过程

在土壤中经历冬天的寒冷，早春时发芽，旺盛生长。

沐浴春天的阳光，一朵接一朵地绽放美丽。

花期1　A区的植物

[白色山谷郁金香开花]

种植 13 周后的样子
发芽，长到 10cm 左右。由于个体
的差异，芽有大有小。

继续生长，长到 20cm
种植 14 周，植株长到 15 ~ 20cm。
10 个球都发芽了。

长出花蕾了
种植 16 周，花蕾开始鼓胀，植株
达到 30cm 左右。

按照日照的强度依次开花
种植 17 周后，朝着太阳的方向，
一齐开花了。

花期2　B区的植物

[一点点成长起来的样子]

继续生长，到 10cm
郁金香生长到 10cm 左右。1 年前种植的春星韭，正旺盛地生长着。

长出花蕾了
在灌木圆锥绣球下种植的
白色山谷郁金香开花了。
靠墙的位置日照稍稍不足，
生长较慢。

番红花一齐开放
早开的雪鹀番红花盛开。紫色的风信子是1年前
种的，发芽后开花，花朵比1年前小一些。

[接下来，郁金香开花]

郁金香开了
在种了花葱和郁金香的地方，**银云**郁金香率先开花。

花葱的叶子茂盛地生长
郁金香的花谢了，花葱的叶子旺盛
地生长着，盖住了郁金香的叶子。

6

含苞待放的花葱

种植约 4 个月后，准备开花的**粉扑花葱**。

7

盛开的花葱

种植 4 个月又 1 周后，直径 7 ~ 8cm 的花盛开。

花期 3 　其他区域开花的植物

[岩百合和朱顶红的生长与开花]

1

发芽生长

岩百合种植 18 周后，植株长到 90cm 左右。虽然花蕾还很硬，但开始慢慢变红。**阿拉斯加朱顶红**在种植后 6 周左右会长出花蕾，植株长到 42cm。

2

岩百合开花

种植 19 周后，**宽广百合**长到 1m 左右。种植的 2 个球都生长得很顺利，已经开花了。朱顶红的花蕾已经鼓胀得很大了，是开花前的样子。

发芽生长

种植约 1 个半月后，在**宽广百合**花谢的时候，**阿拉斯加朱顶红**开出美丽的花朵。

3

[婚礼东方百合的开花]

发芽生长
种植 20 周后，高度 60cm 左右。一
直被周围的宿根草和灌木隐藏着，终
于高了出来，能被阳光照射到了。

接连不断地开出绚烂的花朵
纯白的重瓣品种**婚礼东方百合**和
卡萨布兰卡属于同一系列，香味
非常浓郁。

长出花蕾，绽放前的样子
种植 28 周后。因为太高了，设
置了支柱。绣球花盛开。

姿态妖娆的美丽花朵
12 月中旬种植，约 7 个月后的
7 月开花。一根茎上长出了 5 个
花蕾。植株长到 120cm。

06
春天里，种下春植球根

春天完成了种植，从初夏到盛夏都能享受开花的乐趣。
在排水良好的环境中，培育时避免过于潮湿和阳光直射。

盛夏的阳光直射是禁忌，
通风和排水要十分注意

春季种植的球根，虽然因种类不同生长环境区别很大，但良好的通风和排水、避开盛夏阳光直射是所有种类都需要的。凤梨百合、朱顶红、美花莲、雄黄兰都很强健，条件稍差也可以栽培，大多数种类都需要在秋天挖出保存，但这4种可以在温暖的土壤里过冬。栽种了凤梨百合和绿鬼蕉的花坛要朝向东南方向，避开西晒，并用堆砌的石头来改善排水。

种植 1 ## 在小花坛里种植，欣赏陆续开放的花朵

[种植的球根]

绿鬼蕉的球根
直径 4cm，高度 7cm 左右，鳞茎球根。

彩眼花的新芽
花坛里种了 5 个球，长得最快，植株 55cm。

凤梨百合的球根
直径 4cm，高度 5cm 左右，鳞茎球根。

[从种植到生长的过程]

①绿鬼蕉的新芽
花坛里种了 2 个球，植株 5cm 左右。

②彩眼花的新芽
花坛里种了 5 个球，长得最快，植株 55cm。

③凤梨百合的新芽
花坛里种了 3 个球，植株 10cm 左右。

种植后发芽的状态
荷花玉兰的根部周围用石头堆砌成的高约 40cm 的花坛。4 月下旬种下 3 种球根。

植株长高

种植 7 周后，植株长高，彩眼花的叶子越长越旺盛。虽然被树木遮住了，但绿鬼蕉也在迅速地生长。

生长越来越旺盛

种植 9 周后，彩眼花长到 80cm 左右，绿鬼蕉长出了花蕾。凤梨百合长到 30cm 高，开始横向蔓延。

绿鬼蕉开出美丽的花朵

7 月上旬，小灌木栎叶绣球的花朵开始变色。绿鬼蕉开花，彩眼花结出花蕾了。

绿鬼蕉的花朵

非常纤细，花开后只能维持两三天。靠近闻，会有一点点芳香。

彩眼花的花朵

一朵花开放两三天，但是一根茎上的几个花蕾会相继开放，所以花期比较长。

凤梨百合的花朵

正如其名，会让人联想到菠萝顶端的叶子，花朵从下往上相继开放。

接下来，彩眼花和凤梨百合开花

7月中旬凤梨百合开花，8月上旬彩眼花最后开花。因为是依次开花，所以能在大约1个月内享受三种花绽放的乐趣。

种植2 像种植草坪一样种植唐菖蒲和凤梨百合

[唐菖蒲的生长]

发芽的样子
种植 2 周后，凤梨百合和唐菖蒲，
同时开始发芽。

叶子生长的样子
种植 8 周后，唐
菖蒲长到 70cm 左
右，凤梨百合长到
30cm 左右。

开花的唐菖蒲和凤梨百合
7 月中旬 8 月上旬，凤梨百合和唐菖蒲相继开花。唐菖蒲受到暑热花茎
会弯曲，可以用柳条当支柱。凤梨百合花开一段时间后，花茎也会栽倒。

种植3 雄黄兰和美花莲，像街边的花坛一样

含苞待放的雄黄兰
3 年前种植，种子发芽长成的幼苗
逐渐增加，1 年前开始开花。

开花的美花莲
4 月下旬种植的
樱粉美花莲，8
月开花。

鲜艳绽放的雄黄兰
生长旺盛，以驱逐其他植物的气势生长着。

07
购买盆花，制作简单迷人的小花坛

用发芽的球根苗和带花蕾的盆花轻松演绎美丽的花坛。
在园艺店和鲜花店里收集喜欢的幼苗，试着种植吧。

用初学者也能驾驭的盆花，
随心所欲地布置精美的花坛

因为球根上市的时间有限，有时会忘记购买，错过了
种植的时期。每年 2 ~ 3 月，秋植球根的盆花和出芽
的幼苗会上市，可以利用。春植球根也一样，如美人
蕉、大丽花、亚马逊百合这样培育起来较难的种类，
购买带花蕾的盆花进行移植就简单多了。花期结束后，
根据种类进行施肥和挖出保存的工作。

中央的西洋耧斗菜和沿地面蔓延生长的**梅尔
西埃夫人**婆婆纳之间，种植了原种系克鲁西
郁金香和淡紫色、红色和粉色的光亮银莲花。
白色山谷郁金香的下面，玉簪花开始发芽了。

08
夏植球根，是对多彩季节的赞美

一到秋天，在堤坝和田间小路上经常能看到鲜红的石蒜，它是夏植球根的代表种类。
从种植到开花不需要很长时间，很快就能体会到它的魅力。

为夏日增色的换锦花

[材料]

换锦花的球根
直径 4cm，高 7cm，
鳞茎球根。夏植的石
蒜科球根有着同样的
形状。

[生长的过程]

花蕾挺拔而舒展，
欣赏超群的美

夏植球根与秋植和春植球根相比种类较少。鲜红的石蒜是日本秋天的象征，是夏植球根的代表。除了红色以外，也有淡粉色、黄色、白色等改良品种，石蒜适应性强，非常强健。12 月左右开始长叶，次年 5 ~ 6 月左右叶子枯萎进入休眠期，8 ~ 9 月只有花蕾生长，直到开花。

秋水仙是以同样周期生长的夏植球根。种植在阳光充足的草地上，会给人超可爱的印象，极力推荐。

新发芽的样子
3 年前种了 2 个球，每年都开花。12 月上旬发芽，经过 2 周左右的样子。

叶子茂盛地生长
图 1 之后 4 个月。已经经过了多次分球，叶丛长到 60 ~ 70cm 宽。

花蕾开始鼓胀
花蕾数量每年都在增加，已经是第 4 年了，一株大约长出 5 个花蕾。

开花时的样子
花瓣是换锦花特有的渐变色。因为分了很多球，一株一株相继绽放，开花的乐趣能持续 2 周左右。

山梅花树下盛开的换锦花。在其他花都谢了的 8 月中旬，完全绽放在庭院里。虽然是同一品种，但植株不同，开花的样子也稍有不同。

09
在庭院里种植时，都要做些什么？

种在地里的球根，需要根据种类挖出。
不要错过挖出的信号，在适当的时间操作。

从发芽到挖出的流程
[水仙的例子]

12 月中旬种植，大约 10 周后发芽并长到 8cm 左右。

大约 12 周后长出叶子，植株长到 18cm 左右。

为了明年也能享受开花的乐趣，等到叶子变黄了，赶快挖出来！

在院子里种植球根，如果选择可以一直种植的品种，不用担心在挖出时会损伤球根和其他植物。但能一直种植的品种很有限，其他不能抵抗夏季高温多湿和冬天寒冷的品种，在休眠时就需要挖出来保存了。不论哪个品种，当叶子变黄枯萎时，都是挖出的好时机。如果等到完全没了叶子，球根的状态就会变差，所以要好好观察。

如果是小球根类，可以连同花盆一起种在地里。休眠时把整个花盆挖出来，轻松移到适合保存的环境。

大约 14 周后长到 25cm 左右，有些已经能看到花蕾了。

大约 15 周后植株长到 30cm 左右，有些花蕾已经不再朝上，转向旁边。

种植 16 周后开花，能持续 10 天左右。

种植 20 周，花凋谢，切掉花茎后过了一段时间的样子。

为下一年储存养分，用麻绳将为球根增大而保留的叶子扎起来，不让它们胡乱生长。

这样经过 6 ~ 8 周左右，叶子变黄，开始枯萎。

整理枯萎的叶子，同时挖出球根。

挖出球根后，母球已经变大了，还生出了 2 个子球。

第4章

按种植时间分类的
球根植物名单

大致可以分为秋植（秋天种植，春天开花）、春植（春天种植，
夏天开花）、夏植（夏天种植，秋天开花）三大类。
高人气改良品种和原生品种的栽培技巧。

01
秋天种植、春天开花的球根植物名单

秋植球根的魅力在于丰富的种类和华丽的色彩。

10 月中旬，暑热渐退，种植的季节到了。

秋天种植的球根，品种丰富多样，
为春天的庭院画上美丽的色彩

秋植球根 9 月中旬前后开始上市，种类和花色都很丰富。像郁金香和番红花都有早开、晚开等花期不同的品种。要理解它们各自的特性，选择时要想象着开花的景象。向初学者推荐水仙、葡萄风信子、郁金香等容易栽培的种类，这些都是栽培球根植物的必选。随着品种逐年增加，可以选择一些有着优雅花形和颜色的品种。有经验的爱好者，可以试着挑战一下花毛茛和贝母等较难种的品种。

荷兰鸢尾

[Iris]

【分类】鸢尾科鸢尾属
【原产地】欧洲、中近东地区
【球根类型】鳞茎
【花期】2 月中旬至 5 月下旬
【花色】白、红、橙、黄、蓝、紫、粉及渐变色
【开花时的植株高度】10 ~ 80cm
【适合地栽 / 盆栽】都很适合。
【种植 / 放置的场所】阳光充足，地栽需要排水良好的地方。

【种植要点】因为不适应酸性土壤，种植前要在土壤中加入苦土石灰进行中和。5 号花盆（直径约 15cm）可以种 3 ~ 4 个球，埋深为土稍稍覆盖住球根即可。地栽的埋深在 8cm 左右。适合种植的时间为 10 ~ 12 月。

【管理要点】根据品种的不同稍有差异。荷兰鸢尾是在荷兰杂交培育的品种，种植在日照和排水良好的环境里，在日本关西地区可以持续种植数年。注意生长期的水量控制，过湿的土壤到了夏季会导致球根腐烂。

【施肥】生长期中，每 2 ~ 3 周施一次磷酸液肥。

在 4 月中旬开花，盆栽的白色荷兰鸢尾和地栽的蓝色品种。

谷鸢尾

[Ixia]

【分类】鸢尾科谷鸢尾属
【原产地】南非
【球根类型】球茎
【花期】4 月至 5 月
【花色】白、红、黄、紫、粉及渐变色
【开花时的植株高度】30 ~ 80cm
【适合地栽 / 盆栽】适合盆栽。关东以北地区不适合地栽。
【种植 / 放置的场所】通风、日照和

排水良好的地方。盆栽要放在阳光充足、温暖的屋檐下。

【种植要点】茎在冬季里生长，顶部开花，但不耐寒，所以要避开结霜的地方。5 号花盆可以种 7 ~ 8 个球，埋深 3cm 左右。地栽埋深 5cm 左右。适合种植的时间为 10 ~ 11 月。

【管理要点】盆栽很方便管理，当叶子变黄后停止浇水，放在凉爽的地方，可以保持盆栽的状态休眠。生长期时可以移到温暖的屋檐下。

【施肥】底肥使用缓释肥料。花茎开始生长后追肥，每 2 ~ 3 周施一次液肥。

用作插花也能持久保持花形的**全景**谷鸢尾。

银莲花

[Anemone]

【分类】花毛茛科银莲花属

【原产地】欧洲南部、地中海沿岸

【球根类型】块茎

【花期】2月中旬至5月，也有从12月开始就能开花的品种

【花色】白、红、蓝、紫、粉及渐变色

【开花时的植株高度】5~40cm

【适合地栽/盆栽】都很适合。

【种植/放置的场所】阳光充足、排水良好的地方。希腊银莲花和栎木银莲花更适合盛开在落叶树下或是大花坛里。

【种植要点】采用先慢慢让球根吸水发根后再种植的方法（参照100页），光亮银莲花可以直接种植。盆栽以5号花盆种3个球为宜，使用排水性好的土壤来种植，埋深使土刚好覆盖球根。地栽的埋深相同。适合种植的时间为10~12月。

【管理要点】随着春天气温的上升，花蕾会变少，很容易徒长，尽量选择凉爽的地方。因为不耐高温和多湿，盆栽的叶子枯萎后不用挖出球根，直接放在阴凉处保持干燥，保存也要在凉爽的地方。

【施肥】种植时施缓释肥料。因为花期较长，每2~3周追施一次液肥。

有着多样花色和花型的光亮银莲花。

白色的欧洲银莲花德卡昂栽培群。　　　光亮银莲花

菟葵

[Eranthis]

【分类】花毛茛科菟葵属

【原产地】欧洲南部、地中海沿岸

【球根类型】块茎

【花期】2月中旬至3月

【花色】黄色

【开花时的植株高度】5cm

【适合地栽/盆栽】都很适合。

【种植/放置的场所】阳光充足、通风良好的地方。地栽要种在夏天有树荫又不被雨淋的地方。

【种植要点】盆栽以4号花盆（直径约12cm）种5个球为宜，埋深使土刚好覆盖球根。地栽要更深一些。适合种植的时间为10~11月。

【管理要点】从冬天结束到春天，地上部分处于生长期，这段时间要尽量晒太阳，土壤干了要充分浇水。初夏时，地上部分枯萎后，要更换土壤，放在凉爽的地方保存。到了秋天就要开始浇水，冬天时虽然没有地上部分也要浇水。

【施肥】种植时施缓释肥料，因为生长期较短，每周进行一次液肥的追肥，直到地上部分枯萎为止。

11月下旬种植的冬菟葵奇里乞亚栽培群，3月下旬开花。

花葱

[Allium]

【分类】百合科葱属

【原产地】北半球

【球根类型】鳞茎

【花期】5月至7月

【花色】白、黄、蓝、青紫、紫、桃色

【开花时的植株高度】15～150cm

【适合地栽/盆栽】都很适合。

【种植/放置的场所】阳光充足、排水良好的地方。

【种植要点】盆栽时，小球品种用5号花盆种5个球，埋深3cm；大球品种用8号花盆（直径约24cm）种1个球，埋深5cm。地栽要更深一些。进入10月，地表温度下降，越早种下去花蕾长得越多。适合种植的时间为10～11月。

【管理要点】如果土壤中有很多大粒的砂石，排水性较好，那么小球品种可以种植多年不用挖出来。大球品种在开花时叶子会变黄，花谢、叶子完全变黄后挖出来，在阴凉处保持干燥，秋天再拿出来种植，第二年一样很有趣味。

【施肥】底肥使用缓释肥料，开花前每2～3周施一次液肥。

上：大花葱　下左：**粉扑**花葱　下右：三棱茎葱

伞花虎眼万年青

虎眼万年青

[Ornithogalum]

【分类】百合科虎眼万年青属

【原产地】南北非、西亚、地中海沿岸

【球根类型】鳞茎

【花期】2月至6月

【花色】白、黄、橙、白中带绿色

【开花时的植株高度】25～80cm

【适合地栽/盆栽】都很适合。

【种植/放置的场所】向阳和排水良好的地方。半耐寒性的品种，冬天要在屋檐下温暖的地方保存。

【种植要点】小球品种5号花盆栽种5～7个球，大球品种5号花盆种1个球，埋深3cm。地栽种植埋深8cm左右。

【管理要点】因为有耐寒、半耐寒、春植等不同品种，管理方法不尽相同。地栽可以选择耐寒的品种，在排水良好的地方种植。像伞花虎眼万年青这种生长旺盛的品种，最好每年都重新种植。

【施肥】底肥选用堆肥或有机类肥料，开花前每2～3周施一次液肥。

酒杯花

[Geissorhiza]

【分类】鸢尾科酒杯花属
【原产地】南非
【球根类型】球茎
【花期】3月至4月
【花色】黄、紫、紫和红、紫和奶油色
【开花时的植株高度】15～30cm
【适合地栽/盆栽】适合盆栽。
【种植/放置的场所】放置在阳光

充足的屋檐下。地栽要在防霜降和寒风的地方。

【种植要点】4号花盆种10个球，埋深3cm。地栽埋深5cm左右。适合种植的时间为10～11月。

【管理要点】叶子变黄后，种在庭院里的要挖出来，盆栽的要停止浇水，保存在凉爽的地方，让它休眠。注意防止老鼠对球根的啃咬。

【施肥】底肥使用少量的缓释肥料。花茎开始生长的时候，每2周施一次液肥。

图尔巴酒杯花　　独花酒杯花

原种仙客来

[Cyclamen]

【分类】报春花科仙客来属
【原产地】地中海沿岸、土耳其
【球根类型】块茎
【花期】12月至次年3月（根据品种有所不同）
【花色】白、红、桃色
【开花时的植株高度】10～30cm
【适合地栽/盆栽】都很适合。
【种植/放置的场所】种植在排水

良好、夏天有树荫的地方。盆栽生长期要移到阳光充足的地方。

【种植要点】盆栽用5号花盆种1个球，埋深使土浅浅地盖住球根，确认好球根的上下方向。地栽相同。适合种植的时间为9～10月。

【管理要点】用排水良好的土壤种植，避免过湿。小花仙客来和角叶仙客来很强健，可以一直种在土里。盆栽叶子枯萎后要停止浇水，放在凉爽的地方，让它休眠。

【施肥】生长期中，每2～3周施一次液肥。

角叶仙客来

蓝瑰花

[Scilla]

【分类】百合科绵枣儿属
【原产地】亚洲、非洲、欧洲
【球根类型】鳞茎
【花期】2月至6月（根据品种有所不同）
【花色】白、蓝、紫、粉、渐变色
【开花时的植株高度】10～40cm
【适合地栽/盆栽】都很适合。
【种植/放置的场所】种植在排水良好、夏天有树荫的地方。盆栽生长期要移到阳光充足的地方。

【种植要点】盆栽时，5号花盆可以种植秘鲁蓝瑰花1个球，或西伯利亚蓝瑰花、比佛利蓝瑰花10个球，埋深使土覆盖住球根即可。地栽要稍微深一些。适合种植的时间为10～11月。

【管理要点】用排水良好的土壤种植，避免过湿。非常强健，很容易培养，一直种在土里就可以。盆栽叶子枯萎后停止浇水，放在凉爽的地方，让它休眠。要格外小心不要让球根过于干燥或受到外伤。

【施肥】底肥中可以混入腐叶土和泥炭苔藓，生长期中施缓释肥料。

伊朗蓝瑰花

12 月中旬种植，次年 3 月上旬开花的番红花

吉卜赛女郎番红花

番红花

[Crocus]

【分类】鸢尾科番红花属

【原产地】地中海沿岸

【球根类型】球茎

【花期】2 月至 4 月

【花色】白、黄、蓝、紫及渐变色

【开花时的植株高度】5 ~ 12cm

【适合地栽 / 盆栽】都很适合。

【种植 / 放置的场所】排水好、光照好的地方。在寒冷的地区盆栽，开花可以保持很长时间。

【种植要点】盆栽以 5 号花盆种 10 个球为宜，埋深使土覆盖住球根即可。地栽埋深 8cm 左右。春天开花的品种，适合种植的时间为 10 ~ 11 月，秋天开花的品种在 8 ~ 9 月。

【管理要点】在排水良好的土壤里可以一直种着。缺水会导致花朵褪色，生命力变弱，盆栽时要特别注意。不要施氮肥，否则球根会腐烂。

【施肥】底肥要用缓释的磷肥，生长期每 2 ~ 3 周施一次液肥。

大雪滴花

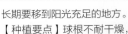

雪滴花

[Galanthus]

【分类】石蒜科雪花莲属

【原产地】土耳其、希腊、高加索地区等

【球根类型】球茎

【花期】2 月至 3 月

【花色】白色

【开花时的植株高度】10 ~ 12cm

【适合地栽 / 盆栽】都很适合。

【种植 / 放置的场所】种植在排水良好、夏天有树荫的地方。盆栽生长期要移到阳光充足的地方。

【种植要点】球根不耐干燥，买回来后要马上种植。盆栽以 4 号花盆种 5 个球为宜，埋深使土稍稍覆盖住球根即可。地栽要稍微深一些。适合种植的时间为 10 ~ 11 月。

【管理要点】在排水良好、夏天避开高温的地方，可以一直种在土里。盆栽叶子枯萎后，放在凉爽的地方让它休眠，防止过度干燥，时常浇水。

【施肥】生长期每 2 ~ 3 周施一次液肥。

水仙

[Narcissus]

【分类】石蒜科水仙属

【原产地】地中海沿岸

【球根类型】鳞茎

【花期】2月至4月

【花色】白色、橙色、黄色、粉色、渐变色

【开花时的植株高度】7～40cm

【适合地栽/盆栽】都很适合。

【种植/放置的场所】喜欢排水良好、阳光充足的地方，也可以在半阴凉的地方。

【种植要点】盆栽以7号花盆（直径约21cm）种3～4个球为宜，埋深使土覆盖球根即可。地栽埋深10cm左右。适合种植的时间为10～11月。

【管理要点】强健易养，可以一直种在排水良好的土壤里，但长期种植会让植株变弱，最好隔几年挖出一次，分球重新种植。盆栽时，叶子枯萎后停止浇水，放在凉爽的地方休眠，秋天重新开始浇水。

【施肥】底肥施用堆肥、腐叶土和缓释肥料，追肥每2～3周施一次液肥。

娇羞水仙

速箭水仙

雪片莲与中国水仙

鹦鹉水仙

冬天华尔兹水仙

雪莱水仙

围裙水仙

白裙水仙

满庭水仙

胡德山水仙

喇叭状花朵，副花冠会从开花时的黄色逐渐变成乳白色。

早欢水仙

伞形花序的重瓣品种。花很大，也很香，单独一盆就很漂亮。

纸白水仙

伞形花序的纯白色品种，有着清澈透明的白色花瓣，芳香四溢。

中国水仙

白色和黄色的伞形花序，有淡淡的香味。从地中海沿岸传来的品种。

胡德山水仙

开花时，副花冠是黄色的，过几天就会变成乳白色。

倾诉水仙

花瓣向后反折，属于仙客来系的小花型品种。名字来源于法语 tête，"头"的意思。

大太阳水仙

与中国水仙相似，但不是一个品种，原种系的伞形花序，香气浓郁。

雪片莲
[Leucojum]

【分类】石蒜科雪花莲属

【原产地】欧洲、土耳其等

【球根类型】鳞茎

【花期】3月至4月

【花色】白色

【开花时的植株高度】30 ~ 40cm

【适合地栽 / 盆栽】都很适合。

【种植 / 放置的场所】从日照充足到半阴的地方都适合，对土壤也没有特别的要求。

【种植要点】盆栽以7号花盆种3 ~ 4个球为宜，埋深使土覆盖球根即可。地栽埋深10cm左右。适合种植的时间为10 ~ 11月。

【管理窍门】非常强健，容易养育，不必特别在意土壤的品质。虽然可以一直种植，但几年后植株会挤在一起，花蕾变少，所以还是重新种植比较好。当叶子变黄时，挖出干燥，等到秋天进行栽种。

【施肥】底肥中充分混合腐叶土或泥炭苔藓，生长期施缓释肥料。

3月中旬开花，也称为"铃兰水仙"

雪百合
[Chionodoxa]

【分类】百合科雪百合属

【原产地】东地中海沿岸

【球根类型】鳞茎

【花期】3月至4月

【花色】白、紫、桃色

【开花时的植株高度】10 ~ 20cm

【适合地栽 / 盆栽】都很适合。

【种植 / 放置的场所】种植在土壤排水良好、夏天有树荫的地方。盆栽生长期放在阳光充足的地方。

【种植要点】盆栽以4号花盆栽种3 ~ 5个球为宜，埋深使土壤覆盖住球根即可。地栽要稍微深一些。适合种植的时间为10 ~ 11月。

【管理要点】不适应高温潮湿的环境，所以要在排水良好的土壤里种植，以免过度潮湿。为避免腐烂，不要使用肥料。盆栽的叶子枯萎后，就让它在花盆里休眠，放在凉爽、淋不到雨的地方保存。球根不能太过干燥，秋天以后可以放在有雨水的地方。

【施肥】底肥中可以混入些腐叶土，搅拌均匀。

粉巨人雪百合

缀星花
[Onixotis triquetra]

【分类】百合科缀星花属

【原产地】南非

【球根类型】鳞茎

【花期】3月至4月

【花色】白、粉及渐变色

【开花时的植株高度】30 ~ 50cm

【适合地栽 / 盆栽】适合盆栽。日本关东以北地区不适合地栽。

【种植 / 放置的场所】种植在通风和日照充足的地方。盆栽可以放在阳光充足的屋檐下。

【种植要点】耐寒性稍差，所以不要放在会结霜的地方。盆栽以5号花盆种3 ~ 5个球、深度3cm为宜。地栽的埋深为5cm左右。适合种植的时间为10 ~ 11月。

【管理要点】盆栽在叶子变黄后停止浇水，放在凉爽的地方保存，可以不用挖出来直接休眠。原产地的环境是湿地，所以生长期要充分浇水。花盆可以移到温暖的屋檐下，便于管理。

【施肥】底肥可以使用缓释肥料。当花茎开始生长时追肥，每2 ~ 3周施一次液肥。

缀星花的英文名是 star of the marsh，"沼泽之星"的意思

银云郁金香

欢欣郁金香

斯拉瓦郁金香

甜点郁金香

白雪姬郁金香

白色山谷郁金香

阿玛尼郁金香

郁金香

[Tulipa]

【分类】百合科郁金香属

【原产地】地中海东部沿岸、中亚

【球根类型】鳞茎

【花期】3月下旬至5月

【花色】白、红、橙、黄、粉、紫及渐变色

【开花时的植株高度】10～60cm

【适合地栽/盆栽】都很适合。

【种植/放置的场所】排水良好、日照充足的地方。盆栽要在室外经历寒冷，2月下旬才可以放回室内的窗边。

【种植要点】盆栽以5号花盆栽种3个球为宜，埋深使土壤覆盖住球根即可。地栽的埋深约为3个球根直径。适合种植的时间为10月中旬至12月中旬。

【管理要点】虽然不喜欢过于潮湿，但如果一直不下雨，土壤过于干燥，那么花不会开，花茎也不生长。每周要给盆栽浇2次水。花谢后，想要使球根增大到第二年能够开花的程度比较不容易，要在叶子变黄之前，多晒太阳，有效追肥。

【施肥】底肥使用少量的缓释肥料。生长期每2～3周施一次液肥。

右图为洗净根部的粉红色**法兰**郁金香和黄色系品种

白色山谷郁金香

刚开放时，有绿色和白色两种颜色，然后渐渐变成米白色。

欢欣郁金香

花朵很大，花瓣是带着淡淡透明感的、接近白色的粉色。

甜点郁金香

黄色到粉色的渐变是代表春天的颜色，给人留下可爱的印象。

原种系黄花郁金香

外侧的花瓣是橙色的，内侧的花瓣是黄色的，开花后两种颜色交相呼应。

美好年代郁金香

花朵是微妙的粉色和棕色的混合，与黑色花搭配很协调。

原种系简夫人克鲁西郁金香

种下去放任不管，也能连续开花数年。花谢后，花瓣会卷曲起来。

原种系薄荷棒郁金香
鲑鱼粉和白色的花朵，细长的花瓣异常可爱。

钟曲郁金香
边缘呈锯齿状，花朵如流苏的品种。适合鲜艳的盆景或花坛种植。

阿玛尼郁金香
花朵的深红色和白色边缘对比强烈，给人印象深刻，在光线下显得很有光泽。

法国之光郁金香
鲜红色单瓣花可谓是王道。12月开花，温室培育的在这个时间也会上市。

紫旗郁金香
特瑞安群的紫色品种。与黑色董菜或黑色郁金香搭配，非常帅气。

斯拉瓦郁金香
酒红色花瓣，浅粉色的边缘显得突出，"苦中带甜"的品种。

黑重瓣郁金香
黑色系的重瓣品种，最具成熟的气质。

小人国郁金香

亮宝石郁金香

黄花郁金香

薄荷棒郁金香

婷卡郁金香

丁香奇迹郁金香

多色郁金香

简夫人克鲁西郁金香

土耳其郁金香

原种系郁金香

[Tulipa]

【分类】百合科郁金香属
【原产地】地中海东部沿岸、中亚
【球根类型】鳞茎
【花期】3月至5月
【花色】白、红、橙、黄、紫、粉
及渐变色
【开花时的植株高度】10 ~ 60cm
【适合地栽 / 盆栽】都很适合。
【种植 / 放置的场所】排水良好、
日照充足的地方。盆栽要在室外经
历寒冷，2月下旬才可以放回室内
的窗边。

【种植要点】经过杀菌、水洗后种
植。盆栽以5号花盆种5 ~ 8个
球为宜，土壤覆盖住球根即可。地
栽埋深8cm左右。适合种植的时
间为10 ~ 11月下旬。

【管理要点】比一般的郁金香强
健，更容易培养。不要让盆栽过于
干燥，土壤表面干了，就充分浇水。
地栽在排水良好的土壤中，可以一
直种植。盆栽的花谢后，需要摘下
残花，在叶子变黄后挖出来，干燥
保存（参见104页）。

【施肥】地栽不可使用过多的肥
料，用一点固体肥料就好。盆栽使
用缓释肥料作为底肥，生长期内每
2 ~ 3周施一次液肥。

费德勒春星韭

粉红星春星韭

威斯利蓝春星韭

春星韭

[Ipheion]

【分类】石蒜科紫星花属

【原产地】南美洲

【球根类型】鳞茎

【花期】3月至4月

【花色】白、黄、蓝、紫、粉及渐变色

【开花时的植株高度】5～20cm

【适合地栽/盆栽】都很适合。

【种植/放置的场所】喜欢明媚的阳光，半阴也可以。

【种植要点】盆栽在4号花盆种5～8个球为宜，土壤覆盖住球根即可。地栽要更深一些。适合种植的时间为9～10月。从休眠期醒来的时间较早，分株和分球在8月下旬至9月中旬进行。

【管理要点】非常强健，很容易培养，能连续种好多年。

【施肥】底肥使用腐叶土或泥炭苔藓，将其混入培养土中。生长期内施缓释肥料。

撕碎叶子，有韭菜独特的味道

狒狒草

[Babiana]

【分类】鸢尾科狒狒草属

【原产地】南非

【球根类型】球茎

【花期】4月至5月

【花色】白、红、黄、蓝、紫、粉及渐变色

【开花时的植株高度】20～30cm

【适合地栽/盆栽】都很适合。

【种植/放置的场所】排水良好，日照充足的地方。

【种植要点】盆栽以5号花盆种5个球、埋深3cm为宜。地栽埋深8cm左右。在温暖地区可以地栽，寒冷地区只能在室内的窗边种植盆栽。适合种植的时间为9～10月。

【管理要点】在日照充足、排水良好的环境里，可以一直种3年。盆栽的叶子枯萎后停止浇水，将花盆放到阴凉的地方休眠。

【施肥】底肥使用腐叶土和泥炭苔藓，将其混入培养土中。

狒狒草

卡内基风信子

花朵是纯白色的，花茎挺立，不易栽倒，
适合花坛种植。

暗洋风信子

鲜艳的蓝色非常夺目，推荐与水色的琉
璃唐草搭配种在一起。

史蒂文森风信子

用 17 世纪荷兰伟人的名字命名的深蓝
色品种。

阿纳斯风信子

长着好几根非常酷的黑色花茎，花姿有
良好的平衡感。

罗马风信子

法国改良的品种。很像野花，小花数量
不多，很强健。

伍德风信子

酒红色单瓣花朵的品种。有的花朵边缘
会变白。

伍德风信子

花朵的颜色很强烈，与堇菜或三色堇的
朴素红紫色组合非常好。

简鲍斯风信子

迷幻的红色品种，活力四射的颜色能够
赶走寒冷。

中国粉风信子

让人感到温暖、柔和的粉红色品种，与
黄色的水仙很相配。

陶蓝风信子

用荷兰代尔夫特陶瓷的色调命名的淡蓝
色品种。

史蒂文森风信子

有冲击力的深蓝色，推荐和同色系的葡
萄风信子或蓝瑰花种在一起。

庆白风信子

史蒂文森风信子

杏色激情风信子

白花罗马风信子

重瓣粉风信子

史蒂文森风信子和伍德风信子

卡内基风信子

风信子

[Hyacinthus]

【分类】百合科风信子属

【原产地】地中海沿岸

【球根类型】鳞茎

【花期】3月至4月

【花色】白、红、橙、黄、蓝、紫、粉色

【开花时的植株高度】20 ~ 30cm

【适合地栽 / 盆栽】都很适合。

【种植 / 放置的场所】种植在排水良好、光照充足的地方。在不致上

冻的地方接受寒冷处理。种植的第一年可以半阴。

【种植要点】盆栽以 5 号花盆种 1 ~ 2 个球，10cm 的深度为宜。地栽采用同样的深度。适合种植的时间为 10 ~ 11 月。

【管理要点】非常强健，容易培养。不适应酸性土壤，最好在土壤里加一些苦土石灰进行中和。要接受寒冷的锻炼，但不要使其受冻；花谢后及时摘掉花朵，不要让它结出种子。可以持续种植 2 ~ 3 年。

【施肥】底肥使用缓释肥料和堆肥，生长期内每 2 ~ 3 周施一次液肥。

爱情王子风信子

蓝铃花
[Hyacinthoides]

【分类】百合科绵枣儿属

【原产地】北非、欧洲

【球根类型】鳞茎

【花期】4月至5月

【花色】白、蓝、紫、粉色

【开花时的植株高度】20～40cm

【适合地栽/盆栽】都很适合。

【种植/放置的场所】排水良好、日照充足的地方。

【种植要点】盆栽用5号花盆种5个球，埋深3cm为宜，地栽埋深10cm左右。注意在种植前不要过于干燥。适合种植的时间为10～11月。

【管理要点】西班牙蓝铃花，以前被称为"山野蓝瑰花"。在排水良好的土壤里可以一直种植，每年都会开出很漂亮的花。盆栽在叶子枯萎后停止浇水，连盆放到凉爽的地方休眠。球根不耐干燥，而且很容易受伤，要特别注意。

【施肥】底肥使用腐叶土和泥炭苔藓，一起混入培养土中。生长期内施缓释肥料。

西班牙蓝铃花

小苍兰
[Freesia]

【分类】鸢尾科小苍兰属

【原产地】南非

【球根类型】球茎

【花期】3月至4月

【花色】白、红、橙、黄、紫、粉及渐变色

【开花时的植株高度】30～90cm

【适合地栽/盆栽】寒冷地区不适合地栽。

【种植/放置的场所】排水良好、阳光充足的地方。温暖的地区可以

地栽，盆栽可以在温暖的屋檐下或室内种植。

【种植要点】盆栽以5号花盆种7个球为宜，土壤覆盖住球根即可，地栽埋深8cm左右。适合种植的时间为10～11月。

【管理要点】耐寒性较弱，不能长时间放置在结霜的地方。庭院种植在11月中旬开始，在严寒之前出芽，越冬时施加保暖措施。盆栽的叶子枯萎后停止浇水，连盆放到凉爽的地方休眠。地栽要挖出球根，放在通风良好的地方保存。

【施肥】底肥使用腐叶土和泥炭苔藓，一起混入培养土中。生长期内施缓释肥料。

桑德拉小苍兰　　快雪小苍兰

贝母
[Fritillaria]

【分类】百合科贝母属

【原产地】北半球的温带

【球根类型】鳞茎

【花期】4月至5月

【花色】白、橙红、黄、紫红、暗紫、淡绿白色等

【开花时的植株高度】15～100cm

【适合地栽/盆栽】都很适合。

【种植/放置的场所】排水良好、阳光充足、夏天有树荫的地方。

【种植要点】盆栽时，小型品种在5号花盆种3个球、大型品种在7号花盆种1个球为宜，深度3cm左右。地栽种植埋深约3个球根。适合种植的时间为10～11月。

【管理要点】球根不耐干燥，购买时尽量选择健壮、稍微湿润的球根。在排水良好的土壤中种植，避免过于潮湿。盆栽叶子枯萎后放到凉爽的地方休眠，注意不要过于干燥。很多品种都不耐热，适合日本关东以北地区。

【施肥】底肥使用缓释肥料，生长期内每2～3周施一次液肥。

大型波斯贝母　　浙贝母

黑花鸢尾

[Iris tuberosa]

【分类】鸢尾科鸢尾属

【原产地】地中海沿岸

【球根类型】块茎

【花期】5月至6月

【花色】绿色和黑色

【开花时的植株高度】20 ~ 30cm

【适合地栽 / 盆栽】都很适合。

【种植 / 放置的场所】排水良好、日照充足的地方。

【种植要点】盆栽以5号花盆种5个球为宜，土壤覆盖住球根即可。地栽要稍微深一些。适合种植的时间为10 ~ 11月。

【管理要点】地栽要在排水性良好的沙质土里加一些苦土石灰，充分搅拌进行中和。从种植到2月，要接受寒冷处理。盆栽避免缺水，发芽后每天都要充分浇水。叶子枯萎后停止浇水，花盆放到凉爽的地方休眠。

【施肥】生长期内适当施液肥。

黑花鸢尾的花朵绚烂夺目，很具观赏价值

夜鸢尾

[Hesperantha]

【分类】鸢尾科夜鸢尾属

【原产地】南非

【球根类型】球茎

【花期】2月至4月

【花色】白、黄、粉色

【开花时的植株高度】15 ~ 30cm

【适合地栽 / 适合盆栽】寒冷地区不适合地栽。

【种植 / 放置的场所】排水良好、阳光充足的地方。温暖的地区可以地栽，盆栽可以在温暖的屋檐下或

室内进行。

【种植要点】盆栽以5号花盆种5个球为宜，盆栽和地栽的深度都以土壤覆盖住球根即可。适合种植的时间为10 ~ 11月。

【管理要点】耐寒性较弱，所以要避免长时间放置在结霜的地方。庭院种植在11月中旬开始，在严寒之前出芽，越冬时施加保暖措施。盆栽的叶子枯萎后停止浇水，花盆放到凉爽的地方休眠。地栽可以一直种植。品种不同，开花时间也不一样。

【施肥】底肥使用缓释肥料，长出花茎后施液肥。

少花夜鸢尾

纳金花

[Lachenalia]

【分类】百合科纳金花属

【原产地】南非

【球根类型】鳞茎

【花期】12月至次年4月

【花色】淡黄、橙、黄、红、蓝、紫色

【开花时的植株高度】10 ~ 25cm

【适合地栽 / 盆栽】不适合地栽。

【种植 / 放置的场所】冬季放在阳

光充足的屋檐下或是没开暖气的室内。

【种植要点】盆栽以5号花盆种5个球为宜，土壤覆盖住球根即可。适合种植的时间为9 ~ 10月。

【管理要点】肉质较厚，较耐干燥，不喜潮湿，要种在排水性良好的土壤里，土完全干燥后再浇水。盆栽可以持续种植2 ~ 3年。叶子枯萎后停止浇水，花盆放到凉爽的地方休眠。

【施肥】不需要底肥。生长期12 ~ 1月期间每月施2次液肥。

左上：**春风**纳金花　　左下：**灰蓝**纳金花

右上：**小金丸**纳金花　右下：**春旅**纳金花

顾悦葡萄风信子

坡姐葡萄风信子

黑眼睛葡萄风信子

奇异罗马风信子

金色芬芳葡萄风信子

顾悦葡萄风信子

青魔法葡萄风信子

白花蓝壶花

马克萨贝尔葡萄风信子

葡萄风信子（蓝壶花）

[Muscari]

【分类】百合科葡萄风信子属

【原产地】地中海沿岸、西南亚

【球根类型】鳞茎

【花期】3月至5月

【花色】白、黄、蓝、紫、粉及渐变色

【开花时的植株高度】5～25cm

【适合地栽/盆栽】都很适合。

【种植/放置的场所】排水良好、阳光充足的地方。

【种植要点】盆栽以5号花盆种5个球为宜，土壤覆盖住球根即可。地栽要稍微深一些。适合种植的时间为10～12月上旬。

【管理要点】很健壮，容易培育，可以持续种植数年，但有些品种不耐高温多湿的环境。亚美尼亚种的叶子容易长得很松散，要挖出保存，到11月下旬再种植，能保持良好匀称的外形。盆栽枯萎后，花盆放在阴凉干燥处保存，等到秋天再开始浇水。

【施肥】底肥使用缓释肥料和苦土石灰，混入培养土中。

变色蓝壶花

百合

[Lilium]

【分类】百合科百合属

【原产地】北半球的亚热带与亚寒带之间

【球根类型】鳞茎

【花色】白、红、橙、黄、粉及渐变色

【开花时的植株高度】20～200cm

【花期】5月至8月

【适合地栽/盆栽】都很适合。

【种植/放置的场所】以原产日本的山百合为代表的东方百合系列适合在半阴处，以岩百合为代表的亚洲百合系列适合在日照充足的地方。

【种植要点】盆栽以6号花盆种1个球为宜，埋深在球根直径3倍以上，种在花盆的下半部分，地栽埋深要在球根直径的3～4倍以上。适合种植的时间为10月至次年2月，球根不耐干燥，买回来后要尽快种植。

【管理要点】使用兼具保水性和排水性的土壤，不要让盆栽的土壤干燥，充分浇水。地栽也一样，冬季不下雨时也要浇水。地栽可以持续种植几年。盆栽在花谢后挖出，埋在改良土里，放在凉爽的地方保存，秋天重新种植。

【施肥】底肥使用堆肥和腐叶土的混合肥料，土壤里施用少量缓释肥料。

美丽百合

宽广岩百合

库什玛雅百合

婚礼东方百合

两种花毛茛的重瓣品种

花毛茛
[Ranunculus]

【分类】毛茛科毛茛属

【原产地】欧洲、地中海沿岸

【球根类型】块根

【花期】4月至5月

【花色】白、红、橙、黄、粉、渐变色

【开花时的植株高度】25～60cm

【适合地栽/盆栽】寒冷地区不适合地栽。

【种植/放置的场所】排水良好、阳光充足的地方。盆栽要放在不结

霜的屋檐下，或是冬日能被阳光照射到的地方。

【种植要点】球根慢慢吸水，发芽后再种植（参照100页）。盆栽以6号花盆种3个球为宜，土壤覆盖住球根即可。地栽也一样。适合种植的时间为10～11月。

【管理要点】虽然有些怕冷，但盆栽如果不经过0℃以下的寒冷，就不会开花或花朵很弱小，所以要注意放置场所。花谢后，保持花盆干燥，在阴凉处保存，秋天重新种植。

【施肥】底肥使用缓效性肥料和苦土石灰，混入培养土中。生长期内每2～3周施一次液肥。

02
春天种植、夏天开花的球根植物名单

夏天开花的春植球根，大多数原产于热带和亚热带。

绝大多数都是不耐寒的，种植时要避开晚霜。

从可爱的小花型到大花型的品种应有尽有，感受异域风情的美丽

春植球根多数原产于热带和亚热带地区，在气温10℃以上时才能生长，秋天休眠期需要把球根挖出保存。不过近几年，由于全球变暖的影响，一些品种在日本关西地区也可以露地越冬。有的品种如葱莲和凤梨百合，会在球根内部形成花芽；也有的品种如大丽花，随着生长逐渐长出花芽。花型相对较大也是这一类的主要特征。

每年都会开出美丽可爱的花，特别适合刚入门的爱好者

红金梅草（樱茅）
[Rhodohypoxis baurii]

【分类】仙茅科小金梅属

【原产地】南非

【球根类型】块茎

【花期】5月至6月

【花色】白、红、粉色

【开花时的植株高度】8～10cm

【适合地栽/盆栽】适合盆栽。地栽适合石头花坛。

【种植/放置的场所】排水良好、阳光充足的地方。夏天选择通风良好的半阴处。

【种植要点】盆栽以5号花盆种10个球为宜，土壤覆盖住球根即可。适合种植的时间为3～4月。

【管理要点】因为原产地是湿度非常高的环境，而且花期很长，所以在生长期要充分浇水。花谢、叶子变黄后不用挖出来，连盆放到不结霜的地方越冬。球根怕干燥，休眠中也要浇水，保持一定的湿润度。

【施肥】培养土中混入泥炭。生长期内每2～3周施一次液肥。

彩眼花

[Gladiolus murielae]

【分类】鸢尾科唐菖蒲属

【原产地】东非

【球根类型】球茎

【花色】白色

【开花时的植株高度】75 ～ 90cm

【花期】8 月至 9 月

【适合地栽 / 盆栽】都很适合。

【种植 / 放置的场所】排水良好、通风和阳光充足的地方。

【种植要点】盆栽以 5 号花盆种 3 个球为宜，种植深度 3cm 左右。地栽深度 8cm 左右。适合种植的时间为 5 ～ 6 月。

【管理要点】花朵的数量很多，比较容易培育。花谢后，叶子变黄了，在霜降之前将球根挖出，在 5℃以上的环境中干燥保存。在日本关西的温暖地区，盆栽和地栽都要种得稍微深一些，土壤表面覆盖保暖即可露地越冬。

【施肥】底肥使用少量的缓释肥料。生长期内每 2 ～ 3 周施一次液肥。

香气四溢，也被称为"芳香唐菖蒲"

酢浆草

[Oxalis]

【分类】酢浆草科酢浆草属

【原产地】热带、温带地区

【球根类型】鳞茎

【花色】白、红、黄、桃色等

【开花时的植株高度】10 ～ 30cm

【花期】6 月至 10 月

【适合地栽 / 盆栽】都很适合。

【种植 / 放置的场所】排水良好、阳光充足的地方。

【种植要点】盆栽以 5 号花盆种 3 ～ 5 个球为宜，盆栽、地栽埋深均为 3cm 左右。适合种植的时间：春季 3 ～ 4 月，秋季 8 ～ 9 月。在寒冷地区，秋植球根要在霜降之前搬进室内。

【管理要点】种类繁多，习性各异，一般大致分为春植和秋植两类。虽然很健壮，但如果排水不好、日照不够充足，那么花蕾形成和生长就会变差。春植球根在冬天的休眠期要移到屋檐下。

【施肥】底肥使用缓释肥料，生长期每 2 ～ 3 周施一次液肥。

上：五叶酢浆草 下：白巴西酢浆草

马蹄莲

[Zantedeschia]

【分类】天南星科马蹄莲属

【原产地】南非等地

【球根类型】块茎

【花色】白、红、橙、黄、粉及渐变色

【开花时的植株高度】30 ～ 100cm

【花期】5 月至 7 月

【适合地栽 / 盆栽】都很适合。

【种植 / 放置的场所】湿地性品种需要在保水好、日照充足或半阴的地方种植；旱地性品种需要种植在排水良好、半阴的地方。

盆栽要放在夏天通风好、凉爽的地方。

【种植要点】盆栽以 5 号花盆种小球 3 球或大球 1 球为宜，埋深 3cm，地栽埋深 8cm 左右。适合种植的时间为 3 ～ 4 月。

【管理要点】大朵白花的湿地性品种马蹄莲适合地栽，温暖地区可以一直种在院子里。盆栽不要缺水。花色丰富的小球型马蹄莲用排水性良好的土种植。不耐寒，盆栽冬天停止浇水，保持干燥，在室内过冬。

【施肥】底肥使用少量缓释肥料。生长期内每 2 ～ 3 周施一次液肥。

湿地性品种的马蹄莲

巴伦提诺朱顶红

阿拉斯加朱顶红

瑞罗娜朱顶红

苹果绿朱顶红

原种凤蝶朱顶红

左起：瑞罗娜、马拉喀什、阿拉斯加、杂烩

朱顶红

[Hippeastrum]

【分类】石蒜科朱顶红属

【原产地】南美

【球根类型】鳞茎

【花期】4月至7月（也有冬天开花的品种）

【花色】白、红、橙、黄、绿、粉及渐变色

【开花时的植株高度】30 ~ 90cm

【适合地栽 / 盆栽】都很适合。

【种植 / 放置的场所】通风和阳光充足的地方，盛夏要遮光。

【种植要点】地栽要先在花盆里培育，当霜期结束，以球根肩部露出地面的程度浅浅种植。盆栽以6号花盆种大球1个球或小球2 ~ 3个球为宜，球根肩部露出土表。适合种植的时间为3 ~ 4月。

【管理要点】堆肥和腐叶土混合，在排水性良好的土壤里种植。盆栽在秋天叶子变黄后停止浇水，移到屋檐下等没有雨水的温暖场所干燥保存。在日本关西地区，土壤表面覆盖保暖就能够露地越冬。

【施肥】底肥用堆肥和腐叶土的混合物，再添加缓释肥料。花谢后剪去花茎，施缓释肥料。

二八年华朱顶红

垂筒花

[Cyrtanthus]

【分类】石蒜科垂筒花属

【原产地】南非

【球根类型】鳞茎

【花期】12月至次年2月、8月

【花色】白、红、橙、黄、桃红、桃色

【开花时的植株高度】20 ~ 30cm

【适合地栽 / 盆栽】寒冷地区不适合地栽。

【种植 / 放置的场所】排水良好、阳光充足的地方。

【种植要点】盆栽以5号花盆种小球3 ~ 5个球或大球1个球为宜，盆栽和地栽都以露出球根肩部为宜。适合种植的时间为3 ~ 4月或10月。

【管理要点】半常绿的麦肯尼群及其杂交品种具有耐寒性，在温暖地区，盆栽、地栽都能在冬季持续开放，一直种植也可以茁壮成长。盛夏是半休眠期，放在通风的地方干燥管理，10月再次浇水。春季种植、夏季盛开的圣吉尼乌斯群不喜潮湿，土壤表面干了后充分浇水。

【施肥】避免多肥，生长期内每2 ~ 3周施一次液肥。

绯红垂筒花　　**镰状**垂筒花

唐菖蒲

[Gladiolus]

【分类】鸢尾科唐菖蒲属

【原产地】南非、地中海沿岸

【球根类型】球茎

【花色】白、红、橙、黄、紫、粉及渐变色

【开花时的植株高度】60 ~ 120cm

【花期】6月下旬至9月

【适合地栽 / 盆栽】都很适合。

【种植 / 放置的场所】春植、秋植的品种都选择排水良好、阳光充足的地方。

【种植要点】盆栽以7号花盆种3个球为宜，埋深为3cm，地栽埋深8cm。适合种植的时间春植品种为3月下旬至6月。秋植品种为11月下旬至12月中旬。

【管理要点】有70天左右就能开花的早花品种和100天左右开花的晚花品种，确认后再选择。春植的大花型品种容易倒伏，气温升高后会弯曲，需要支柱，秋植的小花型不需要支柱。都需要在叶子变黄后挖出，干燥，在室内保存。

【施肥】底肥使用堆肥和腐叶土的混合，再添加缓释肥料。生长期内每2 ~ 3周施一次液肥。

春季开花的肉红色唐菖蒲和夏季开花的大花型品种

雄黄兰,别称"观音兰"

雄黄兰

[Crocosmia]

【分类】鸢尾科雄黄兰属

【原产地】南非、非洲的热带地区

【球根类型】鳞茎

【花期】6月至8月中旬

【花色】红、橙、黄色

【开花时的植株高度】45～150cm

【适合地栽/盆栽】都很适合。

【种植/放置的场所】排水良好、阳光充足的地方。半阴的地方也可以,但开花数会减少。

【种植要点】盆栽以6号花盆种5个球为宜,盆栽、地栽都以5cm左右的深度种植。适合种植的时间为3～4月。

【管理要点】耐寒、耐热性都很强,非常强壮。在温暖地区可以一直种植,长成优美的植株。如果植株拥挤,花朵排列会变得难看,叶子变黄的时候要挖出来进行分株。在寒冷地区也可以挖出,干燥保存,春天重新种植。

【施肥】底肥使用缓释肥料。开花后,继续施缓释肥料。

杏黄女王葱莲

葱莲

[Zephyranthes]

【分类】石蒜科葱莲属

【原产地】中南美

【球根类型】鳞茎

【花色】白、红、黄、深黄、象牙色、奶油色、桃色、深桃色

【开花时的植株高度】10～25cm

【花期】6月至10月

【适合地栽/盆栽】都很适合。

【种植/放置的场所】排水良好、阳光充足的地方最理想,半阴处也可以。

【种植要点】盆栽以5号花盆种3～5个球为宜,盆栽和地栽的埋深都以露出球根肩部为宜。适合种植的时间为3～6月中旬。

【管理要点】只要是排水良好的地方都可以,健壮易栽培。土壤干了以后再充分浇水,保持土壤干湿有度,这样会开得更旺盛。白色花是特别强健的品种,可以一直种在花坛里。彩色品种在温暖地区土壤表面覆盖保温,即可露地越冬;在寒冷地区,要在叶子变黄后挖出,干燥保存。因为在雨后开花,所以和美花莲一起被称为"雨百合"。

【施肥】底肥使用腐叶土混入培养土中,并添加少量缓释肥料。生长期内每2～3周施一次液肥。

樱粉美花莲

美花莲

[Habranthus]

【分类】石蒜科美花莲属

【原产地】中南美

【球根类型】鳞茎

【花期】6月至10月

【花色】黄、桃、金色的基部为红褐色,浅桃色的基部为深紫色

【开花时的植株高度】10～20cm

【适合地栽/盆栽】都很适合。

【种植/放置的场所】排水良好、光照好的地方是最理想的,半阴处也可以。

【种植要点】盆栽以5号花盆种5个球为宜,盆栽和地栽埋深都以露出球根肩部为宜。适合种植的时间为3～4月。

【管理要点】从初夏到秋天,一株可以数次开花,让人欣赏很长时间。浇水要干湿有度,土壤完全干燥后再充分浇水,这样花朵成型会比较好。在温暖地区,覆盖土壤表面保温即可越冬。在寒冷地区,叶子变黄后挖出,干燥保存。盆栽将花盆放到不结霜的屋檐下,干燥保存。

【施肥】底肥使用腐叶土混入培养土中,并施少量缓释肥料。生长期内每2～3周施一次液肥。

黑蝶大丽花

盛装盛开的大丽花

给人清秀印象的彩雪大丽花

大丽花盛开

魔颊大丽花

方便种植的盆花矮生品种

5 月上旬开始种植，8 月开花

大丽花

[Dahlia]

【分类】菊科大丽花属

【原产地】墨西哥、危地马拉高地

【球根类型】块茎

【花期】6 月至 11 月

【花色】白、红、黄、紫色系、桃色等

【开花时的植株高度】30 ～ 150cm

【适合地栽 / 盆栽】都很适合。

【种植 / 放置的场所】排水良好、阳光充足、夏天凉爽的地方。

【种植要点】盆栽以 10 号花盆（直径约 30cm）种 1 个球为宜，埋深 10cm，地栽埋深约 8cm。适合种植的时间为 3 月至 6 月中旬。注意不要折断球根上的芽。

【管理要点】在温暖地区，要避开夏季的酷暑，6 月中旬开始种植，花的茂盛期在秋天，容易生长。如果放任不管，植株会乱长，需要摘芽（参照 106 页）。天气变热会突然停止生长，外观变得难看，早晚喷水进行降温，盆栽可以移到凉爽的地方。地栽的叶子变黄了，在温暖地区可以用覆盖土壤表面保温的方法越冬。盆栽要停止浇水，放在屋檐下管理。

【施肥】非常耗肥料，底肥使用大量堆肥和腐叶土混入培养土中，添加缓释肥料。生长期内每 2 ～ 3 周施一次液肥。

充满魅惑的颜色搭配，大花型的影法师大丽花

弯折绿鬼蕉

绿鬼蕉
[Ismene]

【分类】石蒜科绿鬼蕉属
【原产地】北美南部到南美之间
【球根类型】鳞茎
【花期】6月至8月
【花色】白、黄白色
【开花时的植株高度】40～80cm
【适合地栽/盆栽】都很适合。
【种植/放置的场所】排水良好、阳光充足的地方。盛夏时节移动到明亮的半阴处或做遮光处理。

【种植要点】盆栽以7号花盆种1个球为宜，盆栽和地栽的种植深度都以露出球根肩部为宜。适合种植的时间为4～5月。

【管理要点】花期短，有香气的品种十分受欢迎。土壤表面干了，就充分浇水。不耐寒，叶子变黄后挖出，埋入花盆中，在没有暖气的室内保存，偶尔浇一些水，帮助它过冬。去除土壤时，用水清洗阴干后，放在潮湿的泥炭苔藓中保存。

【施肥】底肥用堆肥混入培养土中，再添加少量的缓释肥料。生长期内每2～3周施一次液肥。

花茎的最顶端长着的叶束，被称作苞叶

朋克塔塔凤梨百合

白花是蛋白石凤梨百合，紫花是红宝石

凤梨百合
[Eucomis]

【分类】百合科凤梨百合属
【原产地】南非、中非
【球根类型】鳞茎
【花期】7月至8月
【花色】白、红、紫、粉色
【开花时的植株高度】50～100cm
【适合地栽/盆栽】都很适合。
【种植/放置的场所】排水良好、阳光充足的地方。
【种植要点】盆栽要匹配球根的大小，5～8号花盆里种1个球，土壤覆盖住球根即可。适合种植的时间为3～4月。

【管理要点】有一点点香气，外形很像凤梨，因此被称为凤梨百合。花期比较长，很容易培育。日本关西的温暖地区可以连续数年地栽。夏天地栽也要浇水。在寒冷地区，叶子变黄后挖出，去除土壤，在室内干燥保存。天气变冷后，盆栽停止浇水，移到室内干燥保存。

【施肥】底肥使用大量腐叶土，混入培养土中，再添加一些缓释肥料。生长期内每2～3周施一次液肥。

球根秋海棠

[Begonia × tuberhybrida]

【分类】秋海棠科秋海棠属

【原产地】安第斯高地

【球根类型】块茎

【花期】6 月至 7 月

【花色】白、红、橙、黄、粉和渐变色

【开花时的植株高度】30 ~ 40cm

【适合地栽 / 盆栽】适合盆栽。

【种植 / 放置的场所】排水良好、阳光充足的地方。比较怕热，夏天要搬到遮光的阴凉处。

【种植要点】在潮湿的改良土里催芽（参照 100 页），盆栽以 5 号花盆种 1 个球为宜，土壤覆盖住球根即可。不适宜地栽。适合种植的时间为 3 ~ 4 月。

【管理要点】不耐寒冷，直到 4 月都要放在室内的窗边，天气变暖后移到户外向阳处。气温超过 30℃会受到伤害，需要移到阴凉处，气温下降后重新移回向阳的地方。叶子变黄后，连盆放在室内干燥保存。

【施肥】底肥使用大量腐叶土，混入培养土中，并且添加缓释肥料。生长期内每 2 ~ 3 周施一次液肥。

5 月上旬种植的话，7 月下旬就能开花

03
夏天种植、秋天开花的球根植物名单

夏植球根在夏天结束的时候种下去，秋天就能开花。以"彼岸花"而闻名的石蒜为代表，还有纳丽花和藏红花等。

不要错过种植时期，为秋天的庭院增加光彩

初夏休眠，8 月左右醒来，秋天开花，这就是夏植球根。花谢后，地上部分会全部枯萎掉，过一段时间长出叶芽。夏植球根有一定耐寒性，与秋植和春植相比，种类较少，但优点是从种植到开花的时间很短，能轻松享受种植乐趣。大部分夏植球根是植株高度在 50 ~ 60cm 或以下的小植物，在花少的时期开花，是庭院的第二主角。

秋水仙

[Colchicum]

【分类】百合科秋水仙属

【原产地】南非、中非

【球根类型】球茎

【花期】10 月至 11 月

【花色】白、紫、粉色

【开花时的植株高度】7 ~ 20cm

【适合地栽 / 盆栽】都很适合。

【种植 / 放置的场所】排水良好、阳光充足的地方。

【种植要点】盆栽以 5 号花盆种 1 个球为宜，土壤覆盖住球根即可。适合种植的时间为 8 ~ 9 月。

【管理要点】放在明亮的室内就能开花，球根的营养会被消耗。花谢后马上种在土里，第二年也有希望开花。地栽最好在排水良好的地方种植。盆栽的叶子变黄后，要挖出球根，干燥保存，8 月下旬重新种植。也有春天盛开的品种和重瓣品种。

【施肥】底肥使用大量堆肥，混入培养土中，再添加缓释肥料。生长期内每 2 ~ 3 周施一次液肥。

巨人秋水仙

藏红花
[Crocus sativus]

【分类】鸢尾科番红花属

【原产地】南欧

【球根类型】球茎

【花期】10 月至 11 月

【花色】紫色

【开花时的植株高度】7 ～ 20 cm

【适合地栽 / 盆栽】都很适合。

【种植 / 放置的场所】排水良好、阳光充足的地方。

【种植要点】盆栽以 5 号花盆种 10 个球为宜，土壤覆盖住球根即可。适合种植的时间为 8 ～ 9 月。

【管理要点】是秋季盛开的番红花的一种，放在明亮的室内就可以开花，球根的营养会被消耗，所以花谢后要马上种到土里。地栽在排水良好的地方能连续种 3 年左右。盆栽在叶子变黄后挖出球根，干燥保存，8 月下旬重新种植。

【施肥】底肥使用大量堆肥，混入培养土中。生长期内每 2 ～ 3 周施一次液肥。

11 月中旬，室内窗边盛开的藏红花

纳丽花
[Nerine]

【分类】石蒜科纳丽花属

【原产地】南非

【球根类型】鳞茎

【花期】9 月至 11 月

【花色】白、红、橙、粉色

【开花时的植株高度】30 ～ 90cm

【适合地栽 / 盆栽】不适合地栽。

【种植 / 放置的场所】通风和阳光充足的地方。在霜冻前移到没有暖气的室内窗边。

【种植要点】盆栽使用排水性良好的土壤，以 4 号花盆种 1 个球为宜，以露出球根肩部的深度种植。太大的花盆容易过于潮湿，造成腐烂。适合种植的时间为 8 ～ 9 月。

【管理要点】在基本干燥的环境里培育。种植时浇一次水，之后 1 周左右不浇水，随着天气变凉，逐渐缩短浇水的间隔。花谢后切掉花茎，叶子枯萎后，连花盆一起干燥保存。3 ～ 4 年内不用移植。到了 9 月，换掉表面的旧土。能够持续绽放 3 周左右。

【施肥】在有叶子的 1 月份，施 2 次左右的薄液肥。

白花萨尼亚纳丽花

石蒜
[Lycoris]

【分类】石蒜科石蒜属

【原产地】南非、中非

【球根类型】鳞茎

【花期】7 月至 10 月

【花色】白、红、黄、紫、粉和渐变色

【开花时的植株高度】30 ～ 60cm

【适合地栽 / 盆栽】都很适合。

【种植 / 放置的场所】排水良好、阳光充足的地方。地栽可以选择在半阴凉的地方。

【种植要点】盆栽以 6 号花盆种 5 个球为宜，土壤覆盖住球根即可。地栽埋深 10cm 左右。因为球根不耐干燥，入手后要尽早种植。适合种植的时间为 6 ～ 8 月。

【管理要点】很健壮，容易培养。土壤表面干了，就充分浇水。连续种植 3 ～ 4 年后，植株会变得密集，进入休眠期后进行分株，然后马上种在土里。品种不同，花期也不一样。名为狐狸的剃须刀的血红色品种在 7 月开花。名为钟馗兰的黄色品种在 10 月开花，耐寒性稍弱。

【施肥】底肥使用大量腐叶土，混入培养土中，再添加缓释肥料。生长期内每 2 ～ 3 周施一次液肥。

香石蒜 　　　　换锦花

04
球根植物的机制与相关的有趣故事

球根植物用贮藏的养分绽放鲜花，繁殖延续。欧洲人被这种美丽俘虏，发生了各种疯狂的故事。

机制 1

球根植物为什么要贮藏养分

在严酷的季节变迁中生存下来的智慧

球根植物在经历炎热、寒冷、干燥等严峻的季节时，地上的叶子会枯萎掉，进入休眠，积蓄养分。生长期会一边生长地上部分，一边孕育子球。虽然也可以用种子繁殖，但用球根繁殖更早，而且开花率高。球根贮藏养分是为了在严酷的环境下生存、繁殖后代，是高度进化的结果。

球根植物的主要原产地

○地中海沿岸：银莲花、番红花、仙客来、水仙、虎眼万年青、雪滴花、雪片莲、雪百合、郁金香、风信子、葡萄风信子、花毛茛

○南非：彩眼花、酢浆草、唐菖蒲、雄黄兰、凤梨百合、纳金花、谷鸢尾、垂筒花、狒狒草、小苍兰

○亚洲：花葱、蓝瑰花、贝母、百合、石蒜

○南美洲：朱顶红、葱莲、大丽花、美花莲

机制 2

球根植物与原产地的关联

在与原产地相似的环境里培育

球根是植株为了在严酷的环境中生存而发展出的器官，在与原产地相近的环境里能更好地生长。了解了原产地，球根的特性和管理方法也就明白了。许多秋植球根原产地中海沿岸，夏季高温干燥，冬季温暖多雨，土壤是含石灰成分的大颗粒，在培育时，模仿这个环境是很重要的。

机制 3

用自己的力量找到更适合的环境

寻求更好的生长环境

有些球根可以用根的力量移动到更适合的位置。百合和唐菖蒲如果种植得较浅，球根下长出的根会收缩，把球根拽向更深的位置。原种系郁金香克鲁西、水桶、利尼福利亚，为了寻求更适合的湿度、温度和养分，一年会向深处移动 15 ～ 30cm。

粉红色勿忘我中间盛开着郁金香和蓝瑰花

机制 4

温度是活跃与否的关键

对气温作出反应，在生长与休眠间不断切换

球根的生长周期是一年，这与气温变化有很大关系。即使处于休眠期，球根内部也在适应气温，生长花芽、叶和茎。从夏天的炎热慢慢转凉，到冬天的寒冷，积极地为生长做准备，等到春天，气温上升，逐渐活跃、开花。利用这个性质，可以错开球根的花期进行培育。

上：与红色罂粟、深红色桂竹香一起绽放的郁金香。

右上：在白色勿忘我中间的郁金香。粉红色的樱花和酒红色的紫罗兰，一起迎来了最佳观赏时期。

右中：堇菜和郁金香的混合种植。

右下：五颜六色盛开的球根，4月中旬莫奈的庭院。

 趣谈1

17世纪的投机泡沫"郁金香狂热"

珍品交易的炒作狂潮

17世纪前后，原本主要用于入药和食用的植物，开始用于装饰和观赏。荷兰人囤积了大量的郁金香球根，将珍贵品种以非常高的价格交易，特别是花瓣上有斑点的品种。投机带来了炒作的狂潮——1634—1637年的"郁金香狂热"，引起了投机泡沫，当时一个球根的价格甚至相当于人均年收入的50倍。

趣谈2

荷兰球根产业的创始人卡罗勒斯·克鲁修斯

"郁金香狂热"的缔造者

16世纪的法国医生卡罗勒斯·克鲁修斯（Carolus Clusius）是欧洲最古老的植物园之一——莱顿大学植物园的建立者之一。在对郁金香的研究中，他发现了色斑的突变，这一发现成为之后狂热的导火索，所以他被称为"荷兰球根产业之父"。他从植物爱好者那里得到的原种系郁金香，后来被命名为克鲁西。

趣谈3

从莫奈的庭院看球根植物之美

最具观赏价值的是鲜艳的色彩搭配

法国吉维尼小镇的莫奈的庭院，种植了非常多的球根植物。在占地面积约9000 ㎡的前庭中，遍布着一个个花坛。4月开花的是水仙、郁金香和蓝瑰花，5月是荷兰鸢尾、花葱和芍药，6～7月是大丽花和唐菖蒲，不间断地持续绽放。一年生和多年生草本植物与球根的丰富色彩组合十分精彩。

第 5 章

球根植物奇谈，
各种不同的乐趣和不可思议

不用土壤、靠自己的营养开花，做成干花，
栽培球根蔬菜和珍奇品种，这里介绍更为广泛的趣味种植方法，
你一定会上瘾的。

01
不用水和土壤也能观赏的球根植物

完全不用水和土壤，有些球根只用自己储存的养分就能开花。

摆放在特别的地方，尽情享受美丽花朵带来的乐趣。

12 月上旬，盛开中的角叶仙客来，
花蕾接踵长出

球根 1
原种仙客来
[Cyclamen]

神秘外形和朴素小花的独有魅力

仙客来的球根不会长出新子球，而是会增大一些。角叶仙客来在原种仙客来中属于比较容易培育的品种。初秋开始上市，秋天到冬天都是开花期，花期结束后会长出叶子。购买时要选择手掌大小、已经长出花蕾的球根。

只靠储存的养分就能绽放出绚丽的花朵，开花后的养护一定不要忘记

为了克服原产地——地中海沿岸的严酷环境，这里原产的球根植物储存营养成分的器官很发达。有些品种不用水和营养，只靠自己储存的养分就能够开花。不需要复杂的温度控制，像装饰品一样随意放在喜欢的地方，简单而快乐。要注意的是，如果一直放在不够明亮的地方，花的颜色会变淡，所以尽量放到有阳光照射的地方。开花后，球根消耗了相当的养分，如果第二年还想要它继续开花，就马上移植到花盆里吧。

[仙客来的生长过程]

刚刚有花蕾长出来
买回带着小花蕾的球根，经过2～3周，长出了更多的花蕾。

最初的几朵已经开放
11月下旬，最早的花蕾已经开花了，把它移到窗边。

叶子还没有掉落，秋冬时的样子
2月下旬，花谢后，叶子开始长高。开花后要尽早种到土里去，用土壤轻轻地覆盖住球根，放在阳光充足的地方。

球根 2
藏红花
[Crocus sativus]

**紧紧簇拥在一起，淡紫色的小花
最爱它那果敢的姿态**

从古至今，作为药材、染料、食材被广泛使用的藏红花，也是可以只靠球根就开花的。藏红花是番红花属植物，但与春天开的番红花不同。球根较大、花茎已经长出的，处于随时都能开花的状态。把几个球根放在盘子里，很快就会被可爱的小花所吸引了。

[取出雌蕊的方法]

雌蕊可作为香料使用
干燥的藏红花雌蕊，自古就被用作香料，非常贵重，与金子同价。雌蕊采集要在开花后尽早进行。用手将三根长长伸出的红色雌蕊拔出，完全干燥后用瓶子保存。

[为了第二年的生长进行适当养护]

花期后，要好好地培育球根
只用球根的养分开花，消耗相当大，多数情况下第二年不会再开花。但如果移植到排水良好的土壤里，每 2 周施一次液肥，使球根增大，还是有很大可能继续开花的。

11 月下旬盛开的藏红花。采用水培或盆栽时，开花时间会晚一些。

球根 3
秋水仙
[Colchicum]

魅力来自有气质的花色，
美丽却有毒的植物

别名叫做"草原藏红花"，花虽然有点像藏红花，但是是完全不同的种类，是出名的有毒植物。随处都可以开花，但如果没有日照，花色会变淡，所以等花蕾长出来后就放在阳光充足的地方吧。

重瓣品种的**睡莲**秋水仙。12 月前后开始长叶，花期结束后移植到花盆里。如果放在向阳的地方，第二年也有望再次开花。

球根 4
朱顶红
[Hippeastrum]

只凭球根的力量开花，
豪华的大花朵

市场上销售的朱顶红球根内部有花芽，也有足够支持开花的养分。随着春天的临近，温度上升，被阳光照射后会立即伸展出花芽。如果第二年也想欣赏花朵，花谢后要马上齐根剪掉花茎，在叶子长出前种植到土里。天气变暖后，在户外阳光充足的地方培育，叶子变黄后挖出球根，放在不会结霜的地方。

球根会在秋天到冬天上市，买回后，放在温暖的窗边。图为当**红明星**朱顶红。

[朱顶红的生长过程]

在铺好的苔藓中生长
在玻璃花瓶里铺上苔藓，放入球根(图1)。没有苔藓也能开花。图2是4周后的状态。

继续生长，然后花开、花谢
一颗球根上长出 2 个芽。图 1 过 6 周后会开花 (图3)，再过 2 周，花就谢了(图4)。

种荚鼓起，结出种子
图 1 过 10 周后，种荚鼓胀起来。第二年还想开花的话，就切掉花茎，将球根种植到土壤里。

二八年华朱顶红

在鹅掌柴的旁边，木制的壁炉台上，摆放
着多种块根植物和球根植物。

02
根和茎肥大的个性化植物，
在室内就能享受它的绿色带来的愉悦

块根植物给人最深的印象是：肥大的茎、干、根。用室内绿植做装饰，让生活空间的氛围提升一个层次。

神秘造型的魅力
培育个性的块根植物

常见的球根植物，主要是一些观花的品种。不过，这个说法也不太准确，也有像鹭草和铃兰这样，有球根但被划分在兰花类和宿根类中的品种。

另外，近年来块根植物也很受欢迎，其原意是指根部肥大化的植物，但很多人把茎、干肥大化的植物也包括在内。其中的大多数种类，为了承受原产地旱季的干燥，在肥大的部分里储存了足够的水分和养分。

这里介绍一些受欢迎的观叶球根植物，以及根和茎肥大成球状或块状的有意思的植物。乍一看有的很相似，但是原产地和习性却不同。根据各自的习性适当地管理，感受不可思议的魅力吧。

异叶蒴莲
[Adenia heterophylla]

西番莲科蒴莲属
原产地：大洋洲、亚洲
特征和养护： 叶子与西番莲相似，花谢后结出了像百香果一样的果实。藤本植物，可以用支柱来引导它攀爬。春天和秋天需要充足的阳光，夏天避免阳光直射，休眠期的冬天要放到有温暖阳光的地方，不耐寒。土壤表面干了要充分把水浇透，叶子完全掉落后停止浇水，发芽后再开始浇水，慢慢增加水量。雌雄异株。

酒瓶兰
[Nolina recurvata]

龙舌兰科酒瓶兰属
原产地：墨西哥
特征和养护： 叶子很像马尾辫，很早就被当作观叶植物栽植。肥大的树干部分可以蓄水，非常强健也有耐寒性。虽然全年都喜欢充足的阳光，但半阴条件下也不受影响。春天到秋天，土壤表面干了就要浇水，冬天减少浇水的次数。从手掌大小的到高约2米的，各种尺寸都能买到。

锦珊瑚
[Jatropha cathartica]

大戟科麻疯树属
原产地：美国南部、墨西哥北部
特征和养护： 正像它的名字一样，春天到夏天会开出像珊瑚一样的火红的花朵。切开干皮会流出乳白色液体，皮肤接触到这种液体会发痒。全年放在阳光充足的地方，土壤表面干了之后需充分浇水。不太耐寒，秋季开始落叶，叶子完全掉落后，停止浇水，让它休眠。冬天的休眠期也需要温暖的阳光。

火桐
[Firmina colorata]

梧桐科梧桐属
原产地：东南亚地区
特征和养护： 原产于泰国、缅甸等东南亚地区的热带雨林，在满是岩石瓦砾的生长环境中无法扎根，只能膨胀根部来存储养分。从春天到秋天都要放在向阳的地方，夏天避开直射的阳光。土壤表面干了，就要充分浇水。不耐寒，秋天开始落叶，叶子掉光后，停止浇水，让它休眠。冬天的休眠期中也要放在温暖的阳光下。

月宴
[Sinningia leucotricha]

苦苣苔科岩桐属
原产地：巴西
特征和养护： 又名"断崖女王"，银白色的叶子表面生长着稠密的细毛，长在原产地的山崖和岩石之间。5月下旬到7月间会开放出橙色筒形的花，一年四季都要放置在通风和有阳光的地方，夏天避开直射的阳光。土壤表面干了，要充分浇水。抗寒能力较弱，秋天开始落叶，叶子掉光后，停止浇水，让它休眠。

虎眼万年青
[Ornithogalum caudatum]

百合科虎眼万年青属
原产地：南非和地中海地区
特征和养护： 在球根侧面会长小球根，形似虎眼，故名"虎眼万年青"，又名"葫芦兰"。秋天开略带绿色的白色星形花朵。最好放在阳光充足的地方，夏季放在阴凉处，冬季放在室内的窗边。土壤表面干了，要充分浇水。即使是1~2cm直径的小球根，在排水良好的土壤里也很容易种植。

非洲玉簪（阔叶油点百合）
[Drimiopsis maculata]

天门冬科油点百合属
原产地：南非
特征和养护： 春天开放与绿白色的纳金花相似的花朵。耐阴性很强，能承受相当阴暗的环境，但如果一直处在阴暗中，叶子上标志性的斑点会变得很淡，也无法开花。从春天到秋天要放在半阴的环境中，抗寒能力较弱，叶子掉光后，停止浇水，让它休眠。

火星人
[Fockea edulis]

萝藦科火星人属
原产地：纳米比亚、南非
特征和养护： 植株茁壮生长，蔓藤的腋芽会开出绿色的小花。全年都要放在通风和日照好的地方，土壤表面干了，要充分浇水。抗寒能力较弱，秋天开始落叶，叶子掉光后，停止浇水，让它休眠，移到向阳暖和的地方保存。如果一直保存在5℃以上的环境中，叶子不会完全掉落，可以继续生长，要少浇水。

喜欢干燥、需要日照的植物很
多，如果作为室内绿植，摆放
的位置需要格外注意。

03
在制成干花的过程中，
每种姿态都充满喜悦

留住刚刚开花的形象，享受制作干花的乐趣。
与生动的鲜花不同，感受干花独有的姿态魅力。

左：原种小人国郁金香。

右：原种土耳其郁金香和淡蓝色的亚美尼亚**马侬**葡萄风信子。

变化的姿态也很美，
喜爱球根的干花

带着球根一起，整体干燥处理，可以享受干花带来的乐趣。大的球根有些困难，如果是郁金香和葡萄风信子，从冬天进行干燥处理，到春天约2个月就能完成。在通风、阴凉的地方，球根向上，整株倒挂起来。干燥处理要在花落之前进行，由于只靠球根的能量生长，花瓣很容易掉落。开花后，越早开始处理，越能得到漂亮的结果。

风格1

在装饰方法上花些心思，
干燥的过程也满是乐趣

用细树枝夹住球根，两端用麻绳挂起来。鲜艳的花色，在干燥后也会完好地保留下来。

左上：**天使**郁金香和**银云**，天使花朵的粉色被漂亮地保留下来。

右上：**超级明星**葡萄风信子。干燥期间，球根的养分会让花茎生长，变得弯曲。

左下：**倾诉**水仙的干花。

下排左起第二个：**银云**郁金香，在干燥中也会生长分球。

下排左起第三个：中国水仙和绣球花的干花。

右下：干燥中的**巨人**秋水仙花束。

欣赏枯萎的姿态，感受善
始善终之美

04
用球根蔬菜，提升厨房的气质

红薯、大蒜、生姜，蔬菜中也有球根植物。
窗边的角落，感受小小的厨房花园带来的喜悦吧！

红薯在阳光充足的地方能非常茁壮地生长，
在光照不好的北面也不会受太大影响。细
香葱要放在光照好的地方。

期待着每天的生长
水培种植球根蔬菜

红薯是块根类，大蒜是鳞茎类，生姜是根茎类，萝卜和芜菁是一年生的草本，具有肉质根。使用种植风信子和水仙的水培容器或空瓶，蔬菜可以作为室内绿植来装点厨房。春天，随着气温逐渐升高，每天都要换水直到发根。使用砾石（参照第 34 页），水不容易腐臭，可以减少换水的次数。洋葱和大蒜在发根前让水稍稍接触到球根的底部，根部长出后降低水位。

洋葱
不仅普通的洋葱，紫洋葱和黄洋葱也可以。根长出后不久，就会长出叶子。

细香葱
分葱和细香葱也可以当作球根植物，与番红花和葡萄风信子相同，可以用砾石和浮石进行水培种植。

红薯
将有根须的一端朝下，浸在水中可以发根。或者从中间切开，切口接触到水也会发根。

细香葱和洋葱新长出的叶子，可以剪下来点缀在料理上。肉质根的胡萝卜和萝卜，根部多留一些，用水浸泡，或使用砾石进行水培，也会长出漂亮的叶子来。

芋头
因为不知道从哪里发根，所以先将一半都浸泡在水里。发根后，叶芽也很快会长出来，等根开始生长，就不能让芋头直接接触水了。

其他
香芋的叶子非常美丽，当作水培蔬菜种植最为适合。和红薯用同样的方法，就能轻松感受种植的乐趣。

05
期待与珍奇球根植物的相遇

不一定华丽，但越看越能发现它细腻独特的个性。

被珍奇球根植物的魅力所吸引。

被当作山野草或多肉植物的珍奇球根植物

到了球根种植的季节，园艺店就会摆放很多能绽放美丽花朵的园艺品种。但是，还有很多稀有和不为人知的球根植物，作为山野草和多肉植物在销售。了解其特征，会发现每种都有独特的魅力。这里介绍一些需要慢慢关注生长过程、小巧可爱的品种。

无论哪种球根，一到季节就会开出可爱的花，每种的个性都很可爱。

细纹仙客来
[Cyclamen graecum]

报春花科仙客来属
原产地：希腊、土耳其
花期：9 ~ 11 月
特征和养护：与角叶仙客来相同，都是秋季盛开的原种系品种，寿命长达 20 年，生长快而且容易开花。为了使球根下生根，种植时要露出一半。

银叶小花仙客来
[Cyclamen coum 'Silver Leaf']

报春花科仙客来属
原产地：保加利亚
花期：1 ~ 3 月
特征和养护：强健耐寒，易于种植，适合地栽和盆栽。叶子是经过改良的银色，花从冬天开到春天。种植时，球根浅浅地埋在土壤里即可，保持适度干燥。

秋雪片莲
[Acis autumnalis]

石蒜科 Acis 属
原产地：南欧
花期：8 ~ 10 月
特征和养护：秋季绽放的雪片莲，拥有白色和粉色铃铛状的花朵。植株高约 15cm，纤细小巧。花谢后长出细细的叶子，一直到春天。近年来，在植物学上的分类从雪片莲属改为 Acis 属。

细叶弹簧草
[Albuca namaquensis]

百合科弹簧草属
原产地：南非
花期：4 月
特征和养护：种植在排水良好的土壤中，放在光照充足通风良好处。生长期中，土壤表面干了，就充分浇水。植株强健，春天开放黄绿色的花朵，到了夏天，地上部分枯萎休眠，寒冷地区的冬天要放在室内。

球根植物名索引

参考文献

《江戸の庭園》飛田範夫　京都大学学術出版会

《園芸植物大事典》塚本洋太郎・著　小学館

《園芸と文化》田中孝幸・著　熊本日日新聞社

《簡単・毎年咲く！　小さな球根を植えよう》(NHK 趣味の園芸ガーデニング 21)　日本放送出版協会

《球根ガーデニング―庭やコンテナでおしゃれに楽しむ―》(セレクト BOOKS)　主婦の友社・編　主婦の友社

《球根で楽しむ小さなガーデニング》(趣味の教科書)　エイ出版社編集部・編　エイ出版社

《球根の開花調節― 56 種類の基本と実際―》今西英雄・著　農山漁村文化協会

《球根の花スタート BOOK》(別冊趣味の山野草)　栃の葉書房

《球根の花―鉢植えで楽しむ―》(別冊家庭画報)　世界文化社

《決定版　失敗しない球根花》(今日から使えるシリーズ)　講談社・編　講談社

《四季をはこぶ球根草花》(別冊 NHK 趣味の園芸)　日本放送出版協会

《趣味の園芸》(NHK テキスト)　日本放送出版協会

《植物知識》(講談社学術文庫)　牧野富太郎・著　講談社

《図説 花と庭園の文化史事典》ガブリエル・ターキッド・著　遠山茂樹・訳　八坂書房

《世界の原種系球根植物 1000：250 種 1000 種の紹介と栽培法・殖やし方・品種改良から寄せ植えの楽しみ方まで》
(ガーデンライフシリーズ)　椎野昌宏、小森谷 慧・著　誠文堂新光社

《世界の庭園歴史図鑑》ペネロピ・ホブハウス・著　上原ゆうこ・訳　原書房

《たくさんのふしぎ》(通巻 171 号「球根の旅」)　さとうち藍・文　海野和男・写真　福音館書店

《小さな球根で楽しむナチュラルガーデニング》井上まゆ美・著　家の光協会

《庭とコンテナで楽しむ球根草花》(NHK 出版実用セレクション)　日本放送出版協会・編　日本放送出版協会

《花図鑑　球根＋宿根草》(草土花図鑑シリーズ)　久山敦、村井千里・監修　草土出版

《花と木の文化史》(岩波新書)　中尾佐助・著　岩波書店

《フローラ》大槻真一郎・監修　トニー・ロード、他・著　井口智子、他・訳　ガイアブックス

Original edition creative staff
Author: Yukihiro Matsuda
Original design and layout: Yurie Ishida（ME&MIRACO）
Photography and text: Chiaki Hirasawa
Illustration: Tsudanbo
Collaboration: Hiroshi Makino（Shirako Nursery Co.Ltd）
Japanese edition editer: Harumi Shinoya
Special thanks: Komoriya Nursery Co.Ltd
Shirako Nursery Co.Ltd
BROCANTE Staff

BROCANTE
〒 152-0035
東京都目黒区自由が丘 3-7-7
tel & fax：03-3725-5584

BHS around
〒 224-0033
神奈川県横浜市都筑区茅ケ崎東 5-6-14
tel & fax：045-941-0029

松田行弘

Yukihuro Matsuda

生于东京。自学生时代就对植物非常感兴趣，毕业后任职于园林公司，于 2002 年创业，在园林设计和花园建造方面发展。目前在东京的自由之丘经营以花园设计、古董家具和杂货为主的公司 Brocante（法语：旧货）。日本国内的"古着"店，以其时尚感而备受推崇。著有《与花园一起生活》《与绿色一起生活》《法国的花园、绿植与生活》（《庭と暮らせば》《绿と暮らせば》《フランスの庭、绿、暮らし》）。

网址：http://brocante-jp.biz

本书说明

本书中的植物是在实体店和网上园艺店能购买到的盆花、花苗和带有球根的鲜花。

植物名：该植物通俗的名称。植物的园艺品种名用不同字体区分。

学名：世界通用的植物名称（拉丁名）。在描述植物的特性和特征、培育方法、移植的建议和方法时配合使用。

本书的数据以日本关东的平原地区（以东京为中心，全年温暖湿润，夏季最高气温为 30℃左右，夏秋多雨，冬季多在 0℃以上，较干燥）为基准。读者可考虑当地气温和湿度的差异，进行栽培和管理的调整。